北咨咨询丛书　丛书主编　王革平
·前期咨询·

城市更新
——北京实践与探索

主　编　张　龙　王铁钢
副主编　郝晓明　陈向玲
　　　　洪　媛　耿　伟

中国建筑工业出版社

图书在版编目（CIP）数据

城市更新：北京实践与探索 / 张龙，王铁钢主编；郝晓明等副主编 . -- 北京：中国建筑工业出版社，2024.12. --（北咨咨询丛书 / 王革平主编）. -- ISBN 978-7-112-30678-7

I . TU984.21

中国国家版本馆CIP数据核字第2024HV5227号

责任编辑：毕凤鸣
文字编辑：王艺彬
责任校对：赵 力

北咨咨询丛书
·前期咨询·
丛书主编　王革平

城市更新——北京实践与探索

主　编　张　龙　王铁钢
副主编　郝晓明　陈向玲
　　　　洪　媛　耿　伟

*

中国建筑工业出版社出版、发行（北京海淀三里河路9号）
各地新华书店、建筑书店经销
华之逸品书装设计制版
北京市密东印刷有限公司印刷

*

开本：787毫米×1092毫米　1/16　印张：11¾　字数：217千字
2024年12月第一版　　2024年12月第一次印刷
定价：**58.00元**
ISBN 978-7-112-30678-7
（43938）

版权所有　翻印必究
如有内容及印装质量问题，请与本社读者服务中心联系
电话：（010）58337283　QQ：2885381756
（地址：北京海淀三里河路9号中国建筑工业出版社604室　邮政编码：100037）

北咨咨询丛书编写委员会

主　编：王革平

副主编：王长江　张晓妍　葛　炜　张　龙　朱迎春　李　晟

委　员（按姓氏笔画排序）：

　　　　王铁钢　刘松桥　米　嘉　李　东　李纪宏　邹德欣

　　　　张　剑　陈永晖　陈育霞　郑　健　钟　良　袁钟楚

　　　　高振宇　黄文军　龚雪琴　康　勇　颜丽君

本书编委会

主　编：张　龙　王铁钢

副主编：郝晓明　陈向玲　洪　媛　耿　伟

编写人员（按姓氏笔画排序）：

　　　　　万虹骏　王誉莹　成　陆　朱静静　孙鹏旸

　　　　　杨珊珊　张　猛　张　琰　张朋斌　陈景楠

　　　　　郑岚兮　赵怡芃　颜丽君　檀凯兵

丛书序言

改革开放以来,我国经济社会发展取得了举世瞩目的成就,工程咨询业亦随之不断发展壮大。作为生产性服务业的重要组成部分,工程咨询业涵盖规划咨询、项目咨询、评估咨询、全过程工程咨询等方面,服务领域涉及经济社会建设和发展的方方面面,工程咨询机构也成为各级政府部门及企事业单位倚重的决策参谋和技术智囊。

为顺应国家投资体制改革和首都发展需要,以提高投资决策的科学性、民主化为目标,经北京市人民政府批准,北京市工程咨询股份有限公司(原北京市工程咨询公司,以下简称"北咨公司")于1986年正式成立。经过近40年的发展,公司立足于首都经济建设和城市发展的最前沿,面向政府和社会,不断拓展咨询服务领域和服务深度,形成了贯穿投资项目建设全过程的业务链条,一体化综合服务优势明显,在涉及民生及城市发展的许多重要领域构建了独具特色的咨询评估理论方法及服务体系,积累了一批经验丰富的专家团队,为政府和社会在规划政策研究、投资决策、投资控制、建设管理、政府基金管理等方面提供了强有力的智力支持和服务保障,已成为北京市乃至全国有影响力的综合性工程咨询单位。

近年来,按照北京市要求,北咨公司积极推进事业单位转企改制工作,并于2020年完成企业工商注册,这是公司发展史上的重要里程碑,由此公司发展进入新阶段。面对新的发展形势和要求,公司紧密围绕北京市委全面深化改革委员会提出的打造"政府智库"和"行业龙头企业"的发展定位,以"内优外拓转型"为发展主线,以改革创新为根本动力,进一步巩固提升"收放有度、管控有力、运营高效、充满活力"的北咨管理模式,进一步深化改革,建立健全现代企业制度,进一步强化干部队伍建设，塑造"以奋斗者为本"的企业文化，进一步推动新技术引领传统咨询业务升级，稳步实施"内部增长和外部扩张并重"的双线战略，打造高端智库，加快推动上市重组并购进程，做大做强工程咨询业务，形成北咨品牌彰显的工程咨询龙头企业。

我国已进入高质量发展阶段，伴随着改革深入推进，市场环境持续优化，工程咨询行业仍处于蓬勃发展时期，工程咨询理论方法创新正成为行业发展的动力和手段。北咨公司始终注重理论创新和方法领先，始终注重咨询成效和增值服务，多年来形成了较为完善的技术方法、服务手段和管理模式。为完整、准确、全面贯彻新发展理念，北咨公司全面启动"工程咨询理论方法创新工程"，对公司近40年来理论研究和实践经验进行总结、提炼，系统性梳理各业务领域咨询理论方法，充分发挥典型项目的示范引领作用，推出"北咨咨询丛书"。

本丛书是集体智慧的结晶，反映了北咨公司的研究水平和能力，是外界认识和了解北咨的一扇窗口，同时希望借此研究成果，与同行共同交流、研讨，助推行业高质量发展。

序

随着我国城市化进程不断推进，城市更新已成为提升城市品质、改善人居环境、提高城市治理水平的重要手段。2019年，中央经济工作会议首次强调了"城市更新"这一概念，提出"加强城市更新和存量住房改造提升"。2021年，"城市更新"首次被写入政府工作报告和《中华人民共和国国民经济和社会发展第十四个五年规划和2035年远景目标纲要》（以下简称："十四五"规划纲要），正式提升为国家战略。2022年，党的二十大报告提出，加快转变超大特大城市发展方式，实施城市更新行动，加强城市基础设施建设，打造宜居、韧性、智慧城市。这为新时代我国城市发展指明了新方向、提出了新要求。北京作为首都，在城市更新实践中起着重要的示范和引领作用。近年来，北京市在城市更新领域进行了大量探索，初步建成"1+N+X"的城市更新政策法规体系，也涌现了"劲松模式""首开经验"等一批城市更新典型案例，积累了丰富的实践经验。

《城市更新——北京实践与探索》正是在这一背景下应运而生。本书系统梳理了北京在制度建设、政策制定、项目实践等方面的经验与典型做法。从工程咨询的视角，聚焦影响城市更新行动落地实施的关键要素和关键环节，分别就居住类、产业类、公共空间类、区域综合性城市更新等项目的实施内容、实施模式、实施流程、投融资模式等进行了系统研究，并围绕规划、资金、主体、运营等难点问题提出相应的措施建议，为推进城市更新的新实践提供多视角的解决思路。

北京市工程咨询股份有限公司贯彻打造"高端智库"和"行业龙头企业"的战略定位，紧跟北京市城市更新热点，成立了专业化的咨询业务团队，积极协助市区两级政府部门和企事业单位开展了项目策划谋划、投融资模式、项目可行性分析、全过程造价和项目管理等一系列研究和咨询工作，在城市更新领域基本形成了规划课题研究、项目前期咨询、建设过程咨询的全过程咨询业务链条。本书是对北京城市更新实践和探索的系统总结，不仅可以为其他城市提供借鉴和启示，也可以为凝练具有中国特色的城市更新理论提供有益的参考。希望本书能够激发各界更多的思考和行动，共同为建设更加宜居、创新、和谐的城市贡献智慧和力量。

2024年8月

前　言

城市更新是现代城市发展过程中必然经历的阶段，它不仅是对物理空间的再开发，更是对城市功能、文化内涵和社会治理的全面提升。随着我国经济进入高质量发展阶段，城市化的中心工作由增量扩张转向存量优化，城市更新成为推动城市转型发展的重要引擎。北京作为全国城市转型发展的代表，本书聚焦首都北京，深入探讨这一超大城市在各类城市更新项目中的实践与探索。通过系统分析北京居住类、产业类、公共空间类和区域综合性城市更新的实施情况（考虑到设施类更新以政府投资为主，现行体制机制比较完备，不再作为重点分析），总结当前北京城市更新项目在更新方向和实施内容、实施路径和模式、实施流程和审批程序、典型案例实践等方面的经验，为全国其他城市提供借鉴。

本书分上、中、下三大篇章组织编排。上篇，总述篇。该篇章首先从城市发展规律与城市更新的关系出发，回顾了城市更新的缘起及理论基础，分析了国内外城市更新的社会背景、制度政策和实施进展，进而重点梳理西方国家和我国在国家、城市层面的制度体系建设，为后续介绍北京城市更新的实践奠定基础。中篇，实践篇。该篇章首先系统分析总结居住类城市更新，包括老旧小区改造、危旧楼房改建、简易楼改建和老旧平房院落的更新方向及实施内容、投融资模式、实施流程和审批程序、典型案例实践；其次，围绕老旧厂房更新、老旧低效楼宇改造、低效产业园区更新和传统商业设施更新等方面，分析总结了北京产业类城市更新的更新方向和实施内容、实施路径和模式、实施流程和审批程序、典型案例实践；随后，系统分析了公共空间理念与行动、公共空间的北京实践、实施流程和审批程序、典型案例实践；最后，综合介绍了区域综合性城市更新的系统性探索和实践，包括实施流程、实施模式、典型案例实践等。下篇，展望篇。该篇章结合城市更新实践过程中面临的诸多痛点、难点问题，重点聚焦影响城市更新行动落地实施的关键要素和关键环节，从规划、主体、资金、空间等四个维度，系统梳理相关的制度依据和实践做法。同时，针对项目层面规划落地实施难、实施过程缺乏统筹、资金难以平衡等关键问题，提出相应的破解路径，为城市更新实践提供多视角的解决思路。

本书编写组成员均来自北京市工程咨询股份有限公司投资咨询事业部城市更新咨询中心。本书主编、副主编共同讨论确定结构框架和各章节的主要内容及基本观点，由各位执笔者承担相应章节的写作。在课题的前期研究中，郝晓明、陈向玲、耿伟作为负责人起草了本书的结构框架，安排具体任务，并进行统稿。各章节的编写具体分工如下：总述篇，由陈向玲、万虹骏、陈景楠执笔；实践篇，由檀凯兵、陈向玲、陈景楠、洪媛执笔；展望篇，由郝晓明、陈向玲执笔。

本书的撰写工作得到了多方支持和帮助。在此，特别感谢北京愿景明德管理咨询有限公司、北京市第五建筑工程集团有限公司、北京金恒丰城市更新资产运营管理有限公司、北京城市副中心投资建设集团有限公司、北京金隅兴发科技有限公司、北京新动力金科资产运营管理有限公司、北京市长城伟业投资开发有限公司、北京亦庄城市更新有限公司、北京万旌企业管理有限公司、华润万象生活商业华北大区、北京昆泰控股集团有限公司、北京市规划和自然资源委员会海淀分局、北京市石景山区人民政府八角街道办事处、北京首开东成城市更新建设运营有限公司、北京丰台文化旅游集团有限公司、北京市基础设施投资有限公司、北京新隆福文化投资有限公司、北京通州投资发展有限公司，同意本书使用其单位实施的城市更新项目作为案例，极大地丰富了著作内容。感谢投资咨询专业委员会各位成员在书籍编写过程中给予的专业指导和建议；同时，感谢中国建筑工业出版社副总编辑封毅女士、责任编辑毕凤鸣对本书的建议和校对。

在快速迭代的政策演化和实践创新中，城市更新工作中还有大量的经验和规律需要进一步挖掘和总结。本书主要是对北京已实施的城市更新项目进行经验总结和凝练，并提出对未来城市更新工作的思考。限于理论水平与实践经验，难免存在不足之处，恳请各位读者指正。

书籍编写组

2024年8月30日

目 录

上篇　总述篇

第一章　城市更新概述　/ 002
第一节　城市更新缘起　/ 002
　　一、快速发展带来的城市问题开始放大呈现，发展需要新方式　/ 003
　　二、城市建设逐步进入存量时代，开发建设方式亟待转型　/ 003
　　三、城市治理中的风险与机遇并存　/ 003
第二节　城市更新定义和内涵　/ 004
　　一、城市更新定义　/ 004
　　二、城市更新分类　/ 006
第三节　国内城市更新理论研究　/ 007
　　一、有机更新理论　/ 007
　　二、系统更新理论　/ 008
第四节　城市更新发展历程及实施进展　/ 009
　　一、城市更新发展历程　/ 009
　　二、城市更新实施进展　/ 012

第二章　城市更新制度体系建设　/ 015
第一节　西方国家城市更新制度体系多元探索　/ 015
　　一、推倒重建式的大规模更新　/ 015

　　　　二、公共福利导向的综合性更新 / 016
　　　　三、自由市场导向的旧城再开发 / 017
　　　　四、以人为本的有机更新 / 018
　　第二节　我国城市更新制度体系顶层设计 / 018
　　　　一、城市更新的早期探索 / 019
　　　　二、城市更新的规划与土地政策依据 / 019
　　　　三、国家层面城市更新制度体系 / 022
　　第三节　深圳、上海、广州城市更新制度体系建设 / 023
　　　　一、城市更新特点 / 024
　　　　二、组织管理体系 / 025
　　　　三、政策法规体系 / 026
　　　　四、城市更新规划体系 / 032
　　第四节　首都北京城市更新制度体系建设 / 035
　　　　一、北京城市更新的历史沿革 / 035
　　　　二、北京城市更新的主要特点 / 037
　　　　三、北京城市更新的工作机制 / 038
　　　　四、北京城市更新的政策体系 / 039
　　　　小　结 / 043

中篇　实践篇

第三章　居住类城市更新 / 046
　　第一节　更新方向和实施内容 / 046
　　　　一、更新方向 / 046
　　　　二、项目实施内容 / 047
　　第二节　项目实施和投融资模式 / 054
　　　　一、项目实施模式 / 054
　　　　二、项目投融资模式 / 057
　　第三节　实施流程和审批程序 / 063
　　　　一、老旧小区改造项目实施流程和审批程序 / 063
　　　　二、危旧楼房改建项目实施流程和审批程序 / 066
　　　　三、简易楼改建项目实施流程和审批程序 / 067

　　　　四、老旧平房院落更新项目实施流程和审批流程　/ 068
第四节　典型案例实践　/ 070
　　　　一、老旧小区改造项目典型案例　/ 070
　　　　二、危旧楼房改建项目典型案例　/ 075
　　　　三、老旧平房院落更新项目典型案例　/ 080

第四章　产业类城市更新　/ 085
第一节　更新方向和实施内容　/ 085
　　　　一、更新方向　/ 085
　　　　二、项目实施内容　/ 086
第二节　实施路径和模式　/ 088
　　　　一、项目实施路径　/ 088
　　　　二、项目实施模式　/ 089
　　　　三、项目投融资模式　/ 090
第三节　实施流程和审批程序　/ 092
第四节　典型案例实践　/ 095
　　　　一、老旧厂房项目典型案例　/ 095
　　　　二、老旧低效楼宇典型案例　/ 100
　　　　三、低效产业园区典型案例　/ 105
　　　　四、传统商业设施项目典型案例　/ 111
　　　　小　结　/ 117

第五章　公共空间城市更新　/ 118
第一节　公共空间理念与行动　/ 118
　　　　一、国际理念与行动　/ 118
　　　　二、国内理念与行动　/ 119
第二节　公共空间的北京实践　/ 120
　　　　一、通过试点工程形成示范效应　/ 120
　　　　二、重视前期规划与设计　/ 121
　　　　三、强调全过程公众参与　/ 121
　　　　四、推动建立规范导则　/ 122

第三节　实施流程和审批程序　/ 122
　　一、前期申报准备　/ 122
　　二、项目入库评估　/ 123
　　三、项目运营维护　/ 123
第四节　典型案例实践　/ 123
　　一、片区更新类项目　/ 124
　　二、铁路沿线/地铁周边公共空间改造提升类项目　/ 126
　　三、城市会客厅类项目　/ 129
　　小　结　/ 132

第六章　区域综合性城市更新　/ 133

第一节　区域综合性城市更新探索　/ 133
　　一、实施区域综合性城市更新的重要意义　/ 133
　　二、各地城市更新政策探索　/ 135
　　三、实施内容　/ 136
第二节　项目实施流程　/ 136
　　一、合理划定实施单元　/ 137
　　二、确定统筹主体　/ 137
　　三、前期工作　/ 138
　　四、手续办理　/ 139
　　五、后期监管　/ 139
第三节　项目实施模式　/ 140
　　一、街区更新模式　/ 140
　　二、轨道交通场站以及周边存量建筑一体化更新模式　/ 140
　　三、重大项目带动模式　/ 141
第四节　典型案例实践　/ 141
　　一、街区更新模式案例　/ 142
　　二、轨道交通场站以及周边存量建筑一体化更新模式
　　　　案例　/ 146
　　三、重大项目带动模式案例　/ 148
　　小　结　/ 155

下篇　展望篇

第七章　城市更新市场前景及发展趋势　/ 158
第一节　城市更新市场前景　/ 158
　　一、城市更新市场规模庞大　/ 158
　　二、城市更新投资潜力巨大　/ 159
第二节　城市更新发展趋势　/ 159
　　一、城市更新政策体系愈加完善　/ 159
　　二、城市更新多元主体参与机制更加健全　/ 159
　　三、城市更新片区综合统筹更新探索更加深入　/ 160
　　四、城市更新更加关注"绿色低碳、韧性安全"　/ 160

第八章　实施城市更新行动的系统思考　/ 161
第一节　规划编制与实施　/ 161
　　一、上下联动的规划统筹　/ 161
　　二、规划编制的参与机制　/ 162
　　三、刚性管控与弹性引导　/ 163
第二节　城市更新实施的统筹　/ 164
　　一、更新任务的统筹　/ 164
　　二、更新区域的统筹　/ 164
　　三、多元主体的统筹　/ 165
第三节　投融资渠道的拓宽　/ 166
　　一、盈利能力的提升　/ 166
　　二、投融资模式的选择　/ 166
　　三、政策制度的供给　/ 168
第四节　项目策划与运营　/ 169
　　一、经营意识的转变　/ 169
　　二、运营能力的提升　/ 170

参考文献　/ 171

上篇

总述篇

城市更新概述

随着全球城市化进程的加速,城市在全球经济、文化及社会发展中扮演着核心角色,城市更新成为城市化进程中的必然选择。特别是在中国,改革开放以来的城市化浪潮以其独特的速度和规模,显著改写了城市发展的历史轨迹,推动着国家步入了"后城镇化时代"。截至2023年底,我国常住人口城镇化率已经提前突破了"十四五"规划纲要中65%的目标。随着城镇化的不断推进,城市发展的需求主线发生了根本性转变,从"增量建设"逐渐转向"存量提质"和城市运营。党的二十大报告提出,加快转变超大特大城市发展方式,实施城市更新行动,加强城市基础设施建设,打造宜居、韧性、智慧城市。

第一节 城市更新缘起

全球城市化的进程正在持续深化,其速度和规模均引人瞩目。据联合国人居署《2022年世界城市报告》中数据显示,2021年城市居民已经占据了全球人口的56%,预测到2050年,这一数字将达到68%。这不仅仅是一个数字的增长,更揭示了城市在推动全球经济、文化和社会进步中的核心地位。虽然一些高收入国家受历史和经济背景的影响,城市化的步伐略显缓慢,但报告有力地强调:"无疑,城市的影响是长久的,人类的未来将更加紧密地与城市相连"。

在这样的全球背景下,中国的城市化历程展现出了惊人的速度和规模。2023年我国的城镇化率已达到了66.16%,特别是一线城市例如北京、上海、广州城镇化率更是超越了80%,一些东部沿海城市的城镇化率也超过了70%。这些数据明确标志着中国已经步入了城镇化发展的中后阶段。按照全球城市化发展的经验,在这样的背景和趋势之下,我国城市正面临着一系列机遇和挑战。

一、快速发展带来的城市问题开始放大呈现，发展需要新方式

世界城市发展的经验表明，在城市化快速发展过程中，伴随着城市问题的显现，对城市发展带来了一系列挑战，包括环境不优、形象不美、功能不全、文脉不续、交通不畅、设施不齐等。这些挑战反映了城市管理和发展中存在的不足，事关人民的日常生活、衣食住行，事关城市发展的质量。应对这些挑战，需要转变发展方式，不断改善居民生活环境，满足人民群众对美好生活的期盼，增强城市的综合竞争力和吸引力，推进城市高质量发展。

二、城市建设逐步进入存量时代，开发建设方式亟待转型

我国的城市建设正在步入一个存量发展的阶段，传统的开发建设方式亟待转型。随着国土空间规划的推进，用地指标越来越受到限制，尤其是新增用地。事实上，存量用地的比重正逐年上升，如深圳市的内部存量变化面积是外部增量变化的2倍。北京市作为第一个减量发展的超大城市，国务院批准的《北京城市总体规划（2016年—2035年）》中要求北京市减量发展，到2020年中心城区城乡建设用地规模比现状减少约60平方公里，到2035年再减少约40平方公里。未来，存量用地的比重还会进一步增加，同时增量用地的管理将会更加严格。这也预示着之前的快速扩张模式即将结束，城市发展需要更加注重内涵和质量。

三、城市治理中的风险与机遇并存

近年来，随着城市化进程的加速，全球各大城市越来越重视城市治理中的公共安全和基础设施稳定性问题。这不仅反映出城市管理的复杂性，也凸显了对创新解决方案的需求。为了提高对极端天气事件的应对能力，许多城市开始探索如"海绵城市"这类可持续发展的新模式，通过自然积存、渗透和净化雨水的方法，提高城市的水资源管理能力和减少洪水灾害的风险。此外，越来越多的城市开始关注建立"韧性城市"，通过加强基础设施建设和优化应急管理体系，增强城市对各类社会、经济和环境冲击的适应力和恢复力。这些努力不仅提高了城市的生活质量，也增强了城市面对未来挑战的能力。这种转变不仅代表了一种责任感的提升，也体现了城

市管理者对长期可持续发展的承诺。

2015年的中央城市工作会议明确指出，要应对当前城市工作面临的新形势、改革的新要求及人民对城市的新期望，要坚定"以人为本"的发展理念，强调城市是为人民而建，注重提高城市的持续发展和宜居性。简而言之，未来一段时间内，城市工作的核心将更加聚焦于人民，以人为中心。

城市更新被视为现阶段城市存量发展的核心策略，旨在运用综合和整体的视角及策略，对城市存量发展中出现的种种问题提供解决方案，从而推动城市走向可持续发展。在目前已经建立的城市更新制度体系背景下，如何科学、全方位地解读城市更新的深层意义，并对现有体系进一步优化，以确保城市更新项目的有序推进，显然是新常态下许多城市亟须关注的关键议题。

第二节 城市更新定义和内涵

一、城市更新定义

城市的再生与重塑历经千年，每一代人都在探索如何更好地使城市适应新的时代需求。从古罗马时代城市中心广场群的一次次改建，文艺复兴时期佛罗伦萨和威尼斯展现的都市繁荣，到19世纪法国巴黎的奥斯曼改造，都展现了城市更新的无穷魅力与变革力量。而在我国，北京核心区的青砖灰瓦院落和古朴典雅的胡同，氤氲着深厚的文化底蕴；西安的钟楼旁，青铜古钟的轻鸣和千年古城墙承载了丝绸之路的历史回响；苏州的平江路，白墙黑瓦的园林与小桥流水的石巷中流淌着姑苏城外的悠扬曲调。每个时代、每个国家，都在城市更新的进程中注入了自己独特的理念和实践方式，从而使其内涵和外延日益丰富、多样。

现代城市更新与城市规划的紧密相连，其根源可以追溯到第二次世界大战后的欧洲。在当时混沌而艰难的日子中，整个欧洲都成了战争的废墟。为了恢复遭受20世纪30年代经济萧条和两次世界大战破坏的城市，特别是解决住房匮乏问题，各国纷纷开始大规模的新城建设。同时，也积极地对受损的老城区进行前所未有的更新与再造，不仅仅是重建，更希望赋予城市新的生命，既满足现代化都市生活的需求，又能尊重和继承历史文化遗产。这样的尝试虽然充满挑战，但为我们提供了宝贵的经验，指导我们如何在尊重历史的同时，为城市打造一个更美好的未来。

城市是一个有机体，城市更新是城市飞速发展的必然过程，是城市新陈代谢的有机功能，是城市物质结构变迁的一种表现形态。城市更新的概念最早起源于西方，在不同历史阶段其内涵和侧重点有所不同，先后经历了城市重建（urban renewal）、城市再开发（urban redevelopment）、城市振兴（urban revitalization）、城市复兴（urban renaissance）、城市更新（urban regeneration）。

最早的较权威概念是1958年8月在荷兰海牙市召开的城市更新第一次研究会上提出的，"生活于都市的人，对于自己所住的建筑物、周围的环境或通勤、通学、购物、游乐及其他的生活活动，有各种不同的期望与不满。对于自己所住的房屋的修理改造，对于街路、公园、绿地和不良住宅区等环境的改善，有要求及早施行。尤其对于土地利用的形态或地域地区制的改善、大规模都市计划事业的实施，以便形成舒适的生活环境和美丽的市容市貌等，所有有关这些都市改善的建设活动，就是城市更新。"

在我国，城市更新研究起步较晚，对于城市更新的理解大多数来源于实践中的经验总结。在实践中，常常使用与城市更新相类似的术语，比如：旧城改造、危旧房改造、"三旧"改造、城中村改造、棚户区改造等。经过长期的研究和实践，学术界的一些专家学者逐渐提出了符合我国实际的城市更新概念。

可以看出，城市更新是一个涵盖广泛领域的复杂过程，其本质使其成为一种不断演变和变化的活动。为了更清晰地理解这一过程，可以从广义和狭义两个角度对城市更新进行解读。广义的城市更新是指，在已经开发利用的土地上，以及附着在土地上的建筑物、公共设施和空间环境，为实现功能完善、品质提升、活力再造目标的重建、改造和修缮行为。这一定义注重的是整体性和全面性的改进，旨在解决城市转型发展的不同阶段和过程中面临的各种城市问题；而狭义的城市更新则更加注重地方性，强调当地居民、不动产权利人的参与和权益。其特点是在原有的权利基础上，通过城市设计等工作，安排一套城市更新制度，实现就地重建、功能完善、品质提升，从而促进地区活力复苏和提升。

结合以上的理解，城市更新可以定义为：旨在应对城市转型和发展过程中出现的各种挑战，针对建成区内城市空间形态和功能进行持续完善与优化调整的综合性战略行动，通过多种手段和方法——包括但不限于拆除重建、旧建筑改造、房屋翻修、历史文化保护以及公共政策的实施——改善区域经济、社会和环境状况，覆盖居住、产业、设施、公共空间和区域综合等多种类型，不仅着眼于解决现有问题，而且致力于预见并应对未来挑战，促进城市的可持续发展和居民生活质量的提高。

二、城市更新分类

城市更新的方式是多种多样的，可以依据不同的原则进行分类，如更新的对象、更新的主导方、更新的模式等。根据2020年中国人民大学国家发展与战略研究院和高和资本联合课题组发布的《中国城市更新论坛白皮书（2020）》，可以将城市更新大致划分为：拆除重建类、有机更新类和综合整治类。

每个城市在其不同的发展阶段或特定的历史时期，可能会选择不同的更新模式。例如，很多城市在初期或特定时期的城市更新中，常选择拆除重建作为主导模式；而在成熟发展阶段，则倾向于采用有机更新或综合整治。这些选择往往是基于城市当下的实际需要和长远规划。

有机更新作为一种更为细致、深入的方式，在对空间进行优化的同时，还考虑到社会、产业、生态、历史、文化等多种因素的传承与创新。这不仅仅是对建筑和空间的更新，更是对城市整体品质和功能的提升。拆除重建更偏向于城市的粗放式、阶段性、偏重增量的更新，而有机更新则强调城市的永续、内涵式、偏重质量的发展。

在实际的城市更新项目中，拆除重建、有机更新和综合整治这三类更新方式，并不是孤立存在的，三类更新方式可能都会涉及，但其中的主导方式会因地而异，这决定了城市更新项目的实施路径、运作模式和参与方式等有所不同。2023年3月1日起施行的《北京市城市更新条例》对城市更新进行了明确和分类，总结了五大类、十二个具体更新内容。其中包括：以保障老旧平房院落、危旧楼房、老旧小区等房屋安全、提升居住品质为主的居住类更新；以推动老旧厂房、低效产业园区、老旧低效楼宇、传统商业设施等存量空间资源提质增效为主的产业类城市更新；以更新改造老旧市政基础设施、公共服务设施、公共安全设施，保障安全、补足短板为主的设施类城市更新；以提升绿色空间、滨水空间、慢行系统等环境品质为主的公共空间类城市更新；以统筹存量资源配置、优化功能布局，实现片区可持续发展的区域综合性城市更新。这种具体的分类与之前提到的城市更新方式相辅相成，为城市更新提供了更为明确和细化的指引与策略。

第三节　国内城市更新理论研究

城市更新理论演进的每一个阶段都深深烙上时代的印痕。国内关于城市更新理论的研究主要包括两种——有机更新理论和系统更新理论。

一、有机更新理论

"有机"这一词汇不仅仅代表着生机与生命，还暗示着一个系统或实体中的各部分都是相互关联并共同工作的。当谈到城市作为一个"有机体"时，是在描述一个充满活力和生命力的城市，其中各个部分和整体都在和谐共生，与自然界融为一体。这种观点体现了"以人为核心"、将城市视为一个"活"的实体的理念。

基于对中外城市发展史、西方城市规划理论的充分认识和对北京旧城情况的深刻理解基础上，清华大学吴良镛教授首次提出了"有机更新"理论。该理论探索了在可持续发展的背景下，如何按照城市的内在发展规律进行更新和发展。具体来说，"有机更新"可以包含三重含义：

1. 城市的整体性

城市是供亿万人生活和工作的重要载体，从宏观到微观，所有部分都应该形成一个有机的整体。就像生物体中的各个组织，城市的每一部分都应该彼此相互关联、和谐共存，共同为整体的秩序和活力作出贡献。

2. 细胞和组织的更新性

正如生物体需要经历新陈代谢一样，城市的基本结构单元——从传统的四合院到整个街区也需要定期更新。但在这一过程中，新的城市结构应该保持与原有城市肌理的一致性。

3. 更新过程的有机性

生物体的新陈代谢是一种渐进、连续、自然的过程，符合其内在的秩序和规律。同理，城市更新也应遵循相似的逻辑。

有机更新强调在改变中维持连续性，确保新旧元素之间的相互联系。吴良镛教授提出的城市有机更新理念，坚持从宏观到微观、从整体到局部的视角，强调城市和建筑之间，如同生物体一般都是有机联系、和谐共存的。为实现有机更新，应该注重"适当的规模和合适的尺度",根据更新的内容和要求,正确处理现在与未来的关系,持续提升规划设计的质量,确保每个区域的发展都达到一种相对的完整性。汇集这些相对完整性,可以有效改善城市的整体环境,实现真正的有机更新目标。

从遗产保护的角度来看,有机更新代表了对城市遗产的深切尊重和珍视。城市遗产不仅仅是历史建筑或街区,更涵盖了一个城市所有能反映其历史深度、传统文化和艺术价值的元素。这些遗产,蕴含着地方的传统和特色,成为城市肌理的核心组成部分,是城市的历史和文化的缩影,凸显出城市的独特身份和特色。随着对城市遗产重要性认知的逐渐提高,人们更为注重其传承和保护。有机更新便是这一理念的进一步发展和实践。成功的城市更新不仅仅是建筑的物理改变,更是在充分尊重和维护城市原有肌理的前提下,为传统空间带来新的生机和活力。在这样的更新策略中,更加注重新与旧的和谐融合,既保留了历史的印记,又展现了当代的创意,这正是城市更新中真正表达城市遗产价值的最佳方式。

这种更新策略在不同的地方都得到了成功应用,其中,新旧元素的融合既凸显了历史的痕迹,又展示了当下的创新,这是城市更新中的最佳实践。例如,福州的三坊七巷,是个有着两千多年历史的历史文化街区,在经过城市更新后,不仅恢复了其古老风貌,还为城市注入了新的活力,成为旅游和文化的焦点。同样,成都的宽窄巷子在经过整修后,成功结合了传统文化和现代商业,既保留了历史风情,又增添了现代化的便利性。北京的菊儿胡同也是一个典型的例子,经过有机更新,不仅恢复了胡同肌理,还引入了现代元素,成为一个充满艺术和创意的社区,吸引了众多的年轻人和艺术家。

吴良镛教授的有机更新理论强调城市如同生物体,需要各组成部分的和谐共处。这些案例都充分证明了有机更新可以根据城市更新的具体内容和要求妥善处理现在和未来的关系,在可持续发展的基础上改善城市整体质量;不仅能够恢复和保护城市的历史文化遗产,同时也能为城市带来新的活力和创新,这正是城市更新的真正目标。

二、系统更新理论

针对中国城市所处的发展阶段,东南大学的吴明伟教授和阳建强教授提出应走向全面系统的城市更新。现阶段我国的城市更新具有面广量大、矛盾众多的特点,传统规划难以担当此任，需要建立一套目标更为广泛、内涵更加丰富、执行更加灵活的规划系统。要从总体上对旧城区进行全面研究，制定系统的旧城改造规划。城市更新的目标应当建立在城市整体功能结构调整、综合协调的基础上，形成增强城市发展能力、提高城市生活质量、推动社会全面进步的综合目标。

城市更新从来就不是片面和孤立的，它往往与城市空间的拓展相伴随。当今的城市更新，越来越要求在整体有序的城市总体发展框架指导之下，统筹考虑城市大规模外延扩展和更新改造。但在实践中，这两者之间有时是互相脱节的，就会导致城市发展重心不明，大量投资倾注于新区而新区却依旧缺乏活力，大规模整治疏解老城区而老城区却越发拥挤、混乱。

第四节　城市更新发展历程及实施进展

一、城市更新发展历程

城市更新一直都是城市发展的重要命题，是一个国家城镇化水平进入一定发展阶段后面临的主要任务。我国的城市更新自1949年发展至今，无论在促进城市的产业升级转型、社会民生发展、空间品质提升、功能结构优化方面，还是在城市更新自身的制度建设与体系完善方面，都取得了巨大的成就。从最初的环境卫生和居民生活条件改善，到住房和基础设施的建设，进而到市场机制为主导的实践探索，最后转向以人为中心的高质量更新。每个阶段都有其独特的重点和特色，学术界、政府部门和实践者都在不同的时间点为这一领域做出了贡献，推动了城市更新理论与实践的进步。这种多阶段的发展历程展现了城市更新的复杂性和多维性，同时也反映了在不同时代背景下的社会需求与变化。下面将展开介绍我国城市更新发展历程中的四个阶段。

1. 城市更新起步期（1949—1977年）

在1949—1977年的第一阶段，中国城市更新主要集中在提高城市环境卫生和改善居民生活条件。考虑到当时的中国正处于重建之初，面对公共财政的紧张，国家采纳了"重点建设，稳步推进"的城市发展策略，优先分配资金用于发展新的生产型工业区；而对于众多的城市老区，则遵循"充分利用、逐步改造"的原则，主要对现有房屋和市政设施进行必要的维护和部分改建或扩建。各地城市着手推进以卫生环境改善、城市交通发展、市政设施翻新和工人住宅建设为核心的城市建设。这一时期的城市建设活动规模宏大，为中国历史写下了浓墨重彩的一笔，为提升城市居住环境和生活条件作出了重要贡献。例如，北京的龙须沟改造、上海的肇家浜棚户区改造、南京的内秦淮河整治和南昌的八一大道改造等都是当时的杰出改造项目。

2.城市更新摸索期（1978—1989年）

在1978—1989年的第二阶段，中国的城市更新重点转向了解决住房短缺与基础设施的历史欠缺问题。在国家改革开放和社会主义现代化建设的新时代背景下，国家重新明确了城市建设是形成和完善城市多种功能、发挥城市中心作用的基础性工作。强调地方政府应集中资源优化城市规划、建设和管理。在这一时期，我国的城市规划系统得到了迅速发展。随着土地市场化的推进，城市更新逐渐成为城市建设的核心议题。为了缓解城市住房压力，满足市民对更好的居住和出行条件的期望，以及偿还基础设施欠债，各地都加大了城市更新的力度，开展理论和实践的探索。值得一提的代表性项目包括沈阳、合肥的旧城改造，上海南京东路、南京市中心的综合改建，苏州的桐芳巷小区改造和北京的菊儿胡同整治。

学术领域也对旧城改建与更新改造进行了系列研究和交流。1979年，国家城市建设总局组织上海市城市规划设计研究院和原北京城市规划管理局，并联合9个相关单位共同完成了《现有大、中城市改建规划》研究课题。1984年12月，城乡建设环境保护部在合肥组织了全国旧城改建经验交流会，这是中华人民共和国成立以来首次专题研讨旧城改建的全国会议。1987年6月，中国建筑学会城市规划学术委员会在沈阳组织了"旧城改造规划学术讨论会"。

在城市更新的思维方面，吴良镛教授提出了"有机更新论"，这一理论主张从简单的"大拆大建"向更加综合、平衡的"有机更新"转变，为我国城市更新指明了新的方向，其影响深远。此外，吴明伟教授也提出了一种结合系统观、文化观和经济观的综合城市更新学术思想，为城市更新实践提供了宝贵的指导。

3.城市更新发展期（1990—2011年）

在1990—2011年的第三阶段，中国城市更新步入了市场机制为主导的创新与实践探索阶段。伴随土地的有偿使用制度和住房的商品化改革，城市更新得到了前所未有的政策和制度的支持。众多城市利用土地有偿使用制度，在房地产和金融业的帮助下，大力推进了广泛的旧城更新，标志性的策略为"退二进三"。但与此同时，此阶段也面临着如企业工人转岗、失业再就业等社会挑战。一系列与城市更新相关的深层社会问题浮现，如何在社会、环境和经济三者之间找到平衡，同时构建一个持续、高效、公正的制度框架，是这一阶段所留下的宝贵经验和启示。

实践中，这一时期的城市更新工作涉及了多个领域，包括旧住宅区更新、重要基础设施的翻新、老工业区的改造、历史街区的保护与整治，以及"城中村"的改造。例如：上海世博会所驱动的黄浦江两岸的功能转型与再开发，艺术家自发的北京798艺术区与上海田子坊的更新，广州和佛山的"三旧"改造、深圳大冲村改造，南京与苏州的历史街区保护和整治，以及杭州和常州的城市更新，都是这一阶段的标志性案例。

学术上，城市更新研究在这一时期迎来了新的高峰。1996年4月，中国城市规划学会在无锡召开了"城市更新分会场"年会，专门讨论旧城容积率的提高、大规模的拆迁等问题，并正式成立了专业学术委员会。此外，期间还发表了如《北京旧城与菊儿胡同》《现代城市更新》《当代北京旧城更新》等学术著作，它们为城市更新的理论和实践提供了系统性的阐述，填补了国内研究的空白。

4.城市更新新时期（2012年至今）

在2012年至今的第四阶段，中国城市更新走向以人为中心和高质量发展的新篇章。随着2011年中国的城镇化率超过50%，城镇化已进入一个新的阶段，一些过去因为经济发展而被忽视的问题开始浮出水面，促使中国城市空间的扩张趋势逐渐放缓。

对于城市规划，不再是简单地增加面积，而是更多地注重提升城市的内涵质量，强调"存量"甚至"减量"规划。在生态文明的大背景下，结合"五位一体"整体发展思路和国家治理体系建设，城市更新的方向开始转向更多地考虑城市的内涵发展。这意味着城市更新不仅仅是空间和建筑的更新，还涉及以人为本的理念，更加强调改善人居环境和提高城市的活力。

许多城市如北京、上海、广州、深圳、南京、杭州、武汉、沈阳、青岛、三亚、海口和厦门都在积极地推动这一新的城市更新模式。通过强化城市治理，努力提高城市更新的质量和水平，并从不同的层次、类型和角度探索新的方法和策略。

这一阶段标志着中国城市更新从简单的经济发展和空间扩张转为了多元模式、多维价值和社会共治，反映了国家在治理、规划和发展上的更高追求及对城市居民生活质量的高度重视。

二、城市更新实施进展

随着国家对城市更新的愈发重视，各省市积极响应，纷纷出台相关法律法规及配套政策文件，规范城市更新活动。在我国城市更新探索与实施的历程中，广州、深圳、上海、北京等城市作为探索先驱，对全国各地产生了深远影响。

广东省的广州和深圳在城市更新方面采取了领先的策略，深化了从传统的"三旧"改造到全面、综合更新的转变。改革开放以来，深圳经历了40多年的快速工业化和城镇化发展，从改革开放的试验场逐步转变为中国特色社会主义先行示范区，并从经济的高速增长过渡到经济社会的全面、高质量发展。面对日益紧张的土地资源，城市更新成为深圳这个国内行政辖区面积最小的超大城市实现可持续发展的必然手段。这不仅是为了响应社会发展的需求，也是为了实现经济、社会和生态各领域的综合发展目标。深圳城市更新已成为一个集产业转型升级、历史文化保护、民生改善、土地节约集约使用等多重目标于一体的实施性工程。

随着深圳全面向存量发展转型，适应存量发展的规划技术与体系变得尤为重要，这也是保障城市更新常态化、实现多维发展目标的关键环节。深圳创新建立了从总体规划到详细规划的多层级规划体系，推动了城市更新单元规划运作平台的建设，强调了规划引领与实施的结合。此外，深圳在保护历史文物方面也做了大量工作，如蛇口工业区和东门老街的改造项目，不仅保留了具有历史意义的建筑，还将其转化为具有新功能的文化和创意空间，展示了深圳在历史文化保护和城市更新中的创新和实践。

广州，这座拥有逾两千年历史的老城市，正是通过不断地城市更新逐渐成长起来的。从码头废弃土地演变为全球金融中心，从衰败的高架铁路转变为激活片区活力的公共空间，广州的每一次变革都显著地标示了城市更新与建设的密切关系。例如，珠江新城作为城市新中轴线上的亮点，其发展离不开猎德村的改造；同样，海珠区从工业之岛到数字与生态之岛的变身，也离不开琶洲村的转型。这些改造不仅彰显了城市更新作为城市发展不可或缺的一部分，而且凸显了其推动城市繁荣的持久动力。

自2009—2014年，广州作为全国"三旧"改造的试点城市，大力推进了琶洲村、杨箕村、林和村等城中村的改造工作。随后的2015—2018年，广州再次走在全国前列，成立了城市更新局，并创新性地提出了"微改造"的更新方式，启动了泮塘五约、旧南海县社区等微改造项目。从2019年至今，广州持续深化城市更新工作，不断完善更新政策体系及规划管控传导机制，谋划老旧社区的成片连片更新改造提升，以此加速城市的现代化步伐，展现出历史与现代交融的城市新貌。

与此同时，上海和北京针对各自面临的不同问题与机遇，也采用了不同策略和措施。上海在城市更新中始终致力于解决好惠民生和护文脉这道"双选题"。城市更新策略从"拆改留"转向"留改拆"，使得充满历史情感的旧街区和老建筑重新融入市民生活。这种可持续的更新模式不仅显著改善了原住民的居住条件，还在活化利用的过程中，巧妙地将历史文脉与现代生活融为一体。通过这些努力，上海不仅塑造了一种新的城市生活方式，还增强了城市的软实力，展现出独有的魅力和神韵。

经过30年的努力，2022年7月，上海中心城区涉及308万平方米和16.5万户居民的成片二级旧里以下房屋改造项目终于收官。紧接着，上海迅速启动了零星旧改、旧住房成套改造和城中村改造"两旧一村"攻坚战，进一步加大城市建设和民生改善的力度。上海不断适应现代都市的发展要求，通过盘活低效用地和区域更新改造，重塑城市形象和功能，实现了高质量发展与高品质生活的双提升。

北京作为全国首个减量发展的超大城市，其城市更新被赋予了更多的使命。坚持减量和高质量发展要求，践行绿色节能减碳，推动城市更新和"疏整促"有效衔接，不搞"大拆大建"，坚持"留改拆"并举，采用小规模、渐进式、可持续的城市更新模式。在减量的同时提高质量和品质，焕新城市运行系统，不断提升城市资产和价值，增强城市的竞争力和吸引力。

北京把老城整体保护放在更加突出的位置，实施保护性更新，保护传统风貌、传承历史文脉，敬畏历史、敬畏文化、敬畏生态，留住乡愁记忆。同时，紧紧围绕"七有""五性"，积极推动老旧片区更新改造，补齐公共服务短板，改善人居环境，完善城市功能，激发城市活力，不断增强人民群众的获得感、幸福感、安全感。

近年来，各省市大力推进城市更新行动。2021年，全国共有411个城市实施了约2.3万个城市更新项目，总投资额高达5.3万亿元，标志着城市更新行动在全国范围内得到了积极响应和广泛参与，成为推动城市未来发展的新引擎。2022年，全国的城市更新项目数量和投资规模均有显著增长，共实施了6.5万个项目，总投资额达到5.8万亿元。这些项目不仅包括既有建筑的改造，还涵盖了老旧小区和街区的更新、城市生态修复等多个方面，展现了城市更新工作的多样性和综合性。截至2023年11月底，全国累计实施的城市更新项目数量进一步增加到约6.6

万个。其中，新开工改造的城镇老旧小区达到了5.3万个，直接惠及882万户居民。此外，城市更新项目还包括加装电梯3.2万部、增设停车位74.6万个，以及建设1.4万个养老、托育等社区服务设施，改造了约10万公里的城市燃气等各类管道。这些项目不仅极大地改善了城市居住环境和基础设施，也提升了居民的生活质量。

城市更新制度体系建设

城市更新,一头连着城市发展,一头连着亿万民生。城市更新是一项长期而复杂的系统工程,涉及土地、规划、金融等多个方面,需要多行业、多部门政策协同和系统支撑。目前,我国城市建设已由大规模增量建设转为存量提质改造和增量结构调整并重,进入从"有没有"转向"好不好"的重要发展时期,城市更新机制和政策体系也在不断完善创新。

第一节 西方国家城市更新制度体系多元探索

相较于单纯的物质空间建设与再开发,西方国家普遍将城市更新视为一项公共政策设定与实践的动态过程。历经时代变迁与不断探索,西方各国形成了各具特色且体系完备的城市更新制度,这些制度不仅彰显了时代特征,更体现了对城市发展规律的深刻理解和运用。

一、推倒重建式的大规模更新

第二次世界大战爆发后,欧洲各国受战争破坏严重,为迅速解决住宅短缺问题,改善城市形象,并提振国民经济水平,各国纷纷发起城市更新运动。通过大规模"推倒重建式"的建设模式,集中清理城市中心区的贫民窟或因战争遗留的破败建筑,腾出土地用于建设商业价值较高的建筑,如购物中心、写字楼和文娱中心等,以推动城市经济复苏。

英国在1930年颁布《格林伍德住宅法》(*Green-wood Act*),提出了为期5年的消除贫民窟计划,政府为大规模的住房拆迁、重建提供补贴,解决住房短缺问题，提高市民的居住质量。与英国公共管理模式不同，美国这一时期的城市更新则采用公私合作模式，由公共机构负责前期的土地整理工作，私营企业负责后续的建设工作。美国联邦政府建立了住房抵押贷款政府担保体系，通过政府干预解决市场失灵问题，帮助有能力买房、建房的人群获得住房融资。同时，联邦政府实施公共住房计划，为中低收入人群提供补助，有效提高了美国人民的住房拥有率。这一时期还诞生了从事金融业务的专门机构——联邦国民抵押贷款协会（Fannie Mae），其主要业务是开拓住房抵押贷款的二级市场。德国大部分城市在二战期间遭到了毁灭性的破坏，损失约550万套住宅，战后发展重点在住宅建设，同时也修复或重建了大量历史性建筑。

这一时期的"推倒重建式"城市更新模式在消除贫民窟、提升城市风貌和提振国民经济水平等方面取得了显著成效；但与此同时，也引发了一系列社会问题。一方面，贫民窟的原始居民往往收入较低，而新建房屋租金昂贵，许多人负担不起房租而被迫外迁；另一方面，住房安置计划的进展滞后于大规模拆除贫民窟的速度，安置房开发周期内的住房周转问题没有得到有效解决。

二、公共福利导向的综合性更新

20世纪60年代，全球经济逐渐复苏，西方国家迎来了经济快速增长的新时期，城市更新的关注点开始从单纯的物质和经济问题转向更加综合复杂的社会问题。这一时期，城市更新不再局限于拆除重建，而是更加强调综合性规划，大量引入公共福利项目，旨在提高社会综合服务能力。

20世纪60年代末，英国出现城市人口郊区化，过度郊区化造成了内城的衰退，引发了一系列的社会、经济结构问题，城市更新施政方针逐渐从大规模清除贫民窟转向住宅整修、改善以及中心区、商贸区的复兴。1969年，英国颁布了《地方政府补助法案》（*Local Government Grants Act*），为帮助完成城市和社会服务计划，严重衰落地区的项目可以申请一部分国家资金补助，剩余部分由地方政府解决。1978年，英国颁布了《内城法》（*Inner City Law*），高度重视内城更新过程中的居民就业、住房、教育和交通等问题。

同期，美国启动"模范城市计划"（Model Cities Program），出台了由美国联邦政府补贴80%、地方政府补贴20%资金的政策，用于改善城市更新区中低收入社区的教育、医疗、公共安全、基础设施和居住条件。1965年，美国成立了住房和城市发展部（Department of Housing and Urban Development），将大量国家财政资金投入教育、卫生、职业培训、公共安全等社会公益项目，通过提升社会福利和公共服务水平改善既有居住环境。1974年，美国颁布了《住房和社区发展法》（Housing and Community Development Act），为污水处理、社区公共设施等项目提供资金，要求大部分资金用于服务中低收入人群，每个社区至少包含一个房屋援助类开发项目。

这一时期的城市更新运动不再只是关注物质空间的改造，而是更加注重社会问题的解决和公共福利的提升。通过综合性规划，引入公共福利项目，西方国家试图在解决物质和经济问题的同时实现社会效益的综合平衡。

三、自由市场导向的旧城再开发

20世纪80年代初，石油危机席卷全球，导致许多西方发达国家陷入严重的经济危机，促使全球经济结构发生重大调整。在英国首相撒切尔夫人和美国总统里根的推动下，新自由主义政策盛行，西方各国试图通过以地产开发为核心的旧城再发展模式来应对经济社会发展问题。

英国政府成立了直接隶属于环境部的城市开发公司，一个开发公司对应着一个特定的城市区域，担负着吸引私人投资、改造内城地区、实现内城复兴的重任。这些城市开发公司采取以市场为导向的战略，培育资本市场、土地市场和住宅市场等，利用国家公共资金的投入和一些优惠政策，如地方税减免、提供基础设施、减少规划控制等，刺激更多的私人资金注入指定区域。这一时期，英国涌现出大量以商业、办公、会展中心、贸易中心等为主的地产开发项目。私营企业在城市更新中扮演主要角色，而公共部门的主要职责是为市场投资创造良好的宏观环境。与此同时，英国的城市更新方式也从政府主导的"自上而下"的方式向"自下而上"的社区规划方式过渡。

这一时期城市更新的主体由政府主导转变为公私合作的双向伙伴关系，更加强调自由市场的作用。城市更新更加注重社区的需求和参与度，体现了更加民主和包容的理念。

四、以人为本的有机更新

自20世纪90年代以后，以人为本和可持续发展的观念深入人心，西方国家逐渐认识到，城市更新不仅仅是房地产的开发和物质环境的更新，除了消除破败和衰退的城市环境以外，保护社区历史文脉、保持邻里关系和城市肌理同样重要。城市更新的关注点转向"以人为本"和可持续发展理念，倡导城市的多样性和多功能性，关注社区历史价值的保护和生态安全的维护。

20世纪90年代初，英国的城市更新掀起一股新的思潮，强调属地社区的参与，突出公、私、社区三向合作的伙伴关系，融资方式从赠款逐步转移到竞争性招标、成立合资企业或寻求欧盟金融支持。1991年，英国面向小范围的城市更新项目实施"城市挑战"（City Challenge）计划，采用竞标的方式，由中央政府设立城市更新基金，环境部出台竞标指南，地方政府、私营部门、当地社区或志愿团体联合成立合作伙伴组织进行投标。这种竞争性的资本分配方式，大大提高了城市更新的社会参与度。值得一提的是，英国在城市更新的过程中注重文物保护，采用"整旧如旧"的方法，把对历史建筑物的破坏程度降到最低；同时，配合这些建筑物的风格、特色，控制街区风貌，建造与其相适应的周边建筑，使其自然、和谐地融入现代城市环境中。

20世纪90年代后期，西方国家的城市更新运动又和国际范围内兴起的可持续发展理念进行了融合，更加注重人居环境、生态环境的可持续发展。1996年6月，联合国在土耳其伊斯坦布尔召开第二次人类住区大会（Habitat Ⅱ），主题是"人人享有适当的住房"和"城市化进程中人类住区的可持续发展"，大会通过的《人居议程》（Habitat Agenda）是1992年联合国环境与发展大会通过的《21世纪议程》（Agenda 21）在人居领域的延伸性文件，世界各国自此开始逐步扩展"环境"的概念，重视人类住区的环境改善，西方城市更新运动进入可持续发展的新阶段。

第二节　我国城市更新制度体系顶层设计

自中华人民共和国成立以来，我国城市更新制度体系伴随着不同历史时期发展目标的差异性、所面临问题的多样性、推动更新的内在动力以及制度环境的不断变化，经历了显著的变革与发展。特别是改革开放后的40年，我国经济实现了飞跃式增长，稳步迈向中高速增长的新常态阶段。我国城市的功能性日益增强，空间布局与品质得到了显著提升，城市更新也逐步上升为国家战略，成为推动经济社会持续健康发展的重要引擎，其制度体系也在不断完善。

一、城市更新的早期探索

中华人民共和国成立初期，我国整体经济水平低，城市建设首先经历了百废待兴的建成空间利用与改造期，在社会、政治、经济的波动中陆续开展城市建设工作，建设经费以政府财政资金投入为主。

1953年，中央政府提出了第一个五年计划，以"城市建设为生产服务、为劳动人民服务"为主要方向，优先将建设资金用于发展生产型的城市新工业区。在公共财政十分紧缺的背景下，旧城区的建设则采取"充分利用、逐步改造"的政策，鼓励对现有的房屋和市政公用设施进行维修养护，对局部进行改建或扩建，逐步改善旧城区的环境和设施。各地城市陆续开展了以改善环境卫生、发展城市交通、整修市政设施和兴建工人住宅为主要内容的城市建设工作，我国的城市建设在有限的资源下实现了稳步发展。

1978年，改革开放政策实施，随着社会主义现代化建设的推进，国民经济稳健攀升，城市建设速度大大加快，城市更新也成为当时城市建设领域的重要组成部分。为适应日益增长的经济发展要求及居民生活需求，旧城区的建设采取"全面规划、分批改造"的政策，补足生活服务设施，解决城市职工住房问题。与此同时，国家层面规划与土地相关法律制度不断完善，各地陆续编制了一系列城市总体规划来指导旧城区的建设。

二、城市更新的规划与土地政策依据

1. 城乡规划的法制化建设

1978年3月在北京召开的全国城市工作会议，要求全国各城市（包括新建城镇）都要根据国民经济发展计划和各地区的具体条件，认真编制和修订城市的总体规划、近期规划和详细规划。1980年10月，国家基本建设委员会在北京召开全国城市规划工作会议，明确城市规划在国民经济和社会发展中的职能作用；同年12

月,国务院批转了《全国城市规划工作纪要》,明确了这一时期城市规划的主要指导思想:城市规划是一定时期内城市发展蓝图,是建设和管理城市的依据。此后,我国规划管理方面的法规体系逐步健全。

1984年,国务院发布《城市规划条例》,确立了旧城改建的"维护、利用、调整、改造"四原则,标志着我国城市建设及城市规划开始走上法治化、规范化的道路。1990年,《中华人民共和国城市规划法》正式实施,将城市规划区的范围完善为城市市区、近郊区及城市行政区内因城市建设和发展需要实行规划控制的区域,与《中华人民共和国土地管理法》(以下简称《土地管理法》)在城市区域界定上实现了统一。

经过将近30年的建设,我国的城市规划制度逐步完善,但快速的城市化也带来了城乡发展差异日益悬殊、城乡发展不平衡的问题。为了加强城乡规划管理,协调城乡空间布局,促进城乡经济社会全面协调可持续发展,2008年出台了《中华人民共和国城乡规划法》。"城市规划"四个字的基本语义自此发生了重大变化,城市规划从过去包括城市和区域的规划转向市区、建成区层面,我国进入了城乡全面统筹规划的时代。

2019年,为推进生态文明建设、实现高质量发展,中央全面深化改革委员会第六次会议审议通过了《中共中央 国务院关于建立国土空间规划体系并监督实施的若干意见》(中发〔2019〕18号),明确提出将主体功能区规划、土地利用规划、城乡规划等空间规划融合为统一的国土空间规划,实现"多规合一"。随后,自然资源部发布通知,全面启动国土空间规划编制审批和实施管理工作,明确了规划编制的工作要求、主要内容和完成时限等关键内容。自此,国土空间规划成为国家空间发展的指南和可持续发展的空间蓝图,是优化空间资源配置、开展各类开发保护建设活动的基本依据。

城市更新要求规划研究更具针对性,要求规划方法更有适应性。国土空间规划需要以适应城市更新的特点和需要为目标,改进规划编制、完善规划管控方法和许可程序,将城市更新内容全面纳入国土空间规划体系。城市更新则根据国土空间规划及规定程序开展有关开发保护建设活动。两者共同推动城市的可持续发展,提升城市的整体品质和竞争力。

2.土地管理的法治化建设

改革开放后,随着生产力的解放,国民经济快速发展,对建设用地的需求极度增加,耕地数量逐年减少,特别是1985年减幅达到峰值,较1984年减少了

100万公顷。在此背景下，1986年《土地管理法》出台，成为我国土地管理的法律依据。

1988年《土地管理法》首次修订，提出"国有土地和集体所有土地的使用权可以依法转让""国家依法实行国有土地有偿使用制度"等重要规定。这次修订在中国立法史上具有划时代的意义，拉开了自然资源有偿使用制度改革的序幕，为土地作为生产要素进入市场扫清了法律障碍，为我国工业化、城镇化的快速推进奠定了基础。

1998年8月，《土地管理法》进行了全面革新，首次增加了"耕地保护"内容，并强化了对建设用地总量和城市建设用地规模的控制。为落实国有土地有偿使用规定，国土资源部1999年印发了《国土资源部关于进一步推行招标拍卖出让国有土地使用权的通知》（国土资发〔1999〕30号）；2002年国土资源部第4次部务会议通过了《招标拍卖挂牌出让国有土地使用权规定》（国土资源部令第11号），将商业、旅游、娱乐、商品住宅等各类经营性用地均纳入招拍挂范围；针对不能划拨供地也不适宜招拍挂供地的建设项目用地，2003年国土资源部第6次部务会议通过了《协议出让国有土地使用权规定》（国土资源部令第21号）。至此，我国的土地管理制度和国有土地使用的相关制度基本健全。

2004年8月，根据宪法修正案，《土地管理法》第三次修订，将"对集体所有的土地实行征用"改为了"对土地实行征收或者征用"，并增加了"给予补偿"的说明，进一步保护土地使用权人的权益。

2019年《土地管理法》第四次修订，规定国家建立国土空间规划体系，明确经依法批准的国土空间规划是各类开发、保护和建设活动的基本依据，已经编制国土空间规划的，不再编制土地利用总体规划和城乡规划，国土空间规划成为土地用途管制的依据。

《土地管理法》出台以来，历经四次修改和完善，城乡土地统一管理的体制始终不变。随着经济社会的发展和改革的不断深化，各地借助国有土地有偿使用的市场化运作，推动了以"退二进三"为标志的大范围旧城更新改造。通过优化土地资源配置和保护土地资源，为城市更新提供坚实的土地基础和法律保障，而城市更新则通过改善城市风貌、提升城市品质，进一步促进土地资源的合理利用和价值提升，两者相辅相成，共同推动城市的可持续发展。

三、国家层面城市更新制度体系

1. "存量时代"的城市更新需求

早在2013年,中央城镇化工作会议就明确提出要提高城镇建设用地利用效率,城市建设要以盘活存量为主,不能再无节制扩大建设用地。2015年中央城市工作会议召开,会议指出我国城市发展已经进入新时期,要转变发展方式,坚持集约发展,框定总量、限定容量、盘活存量、做优增量、提高质量。这标志着城市建设已进入以存量盘活、内涵提升为核心的"存量时代"。面对存量时期城市发展的新问题与挑战,中央城市工作会议深入分析了发展形势,明确提出要加强城市设计,提倡城市修补。

2017年6月,国务院常务会议提出棚户区改造三年计划,在过去8年棚改工作已使得8000多万住房困难群众"出棚进楼"的基础上,提出2018—2020年再改造各类棚户区1500万套。2019年7月,中共中央政治局会议提出实施城镇老旧小区改造等补短板工程,加快推进信息网络等新型基础设施建设。2019年12月,中央经济工作会议提出"要加强城市更新和存量住房改造提升,做好城镇老旧小区改造"。2020年7月,国务院办公厅印发《国务院办公厅关于全面推进城镇老旧小区改造工作的指导意见》(国办发〔2020〕23号),要求全面推进城镇老旧小区改造工作,满足人民群众美好生活需要,惠民生扩内需,推进城市更新和开发建设方式转型,促进经济的高质量发展。

2. 城市更新上升为国家战略

截至2023年,我国城镇化率已从1978年的17.9%增长到66.16%,城镇化发展阶段已从外延数量扩张的"前期"到存量提质增效的"中后期";人民对美好生活的需求也已从"有没有"转向"好不好"。继2019年中央经济工作会议首次提出"城市更新"之后,2021年3月首次写入政府工作报告和《中华人民共和国国民经济和社会发展第十四个五年规划和2035年远景目标纲要》中,将其上升至国家战略层面,并全面加快推进实施。

2021年8月,住房和城乡建设部发布《住房和城乡建设部关于在实施城市更新行动中防止大拆大建问题的通知》(建科〔2021〕63号),明确了城市更新的四项底线要求,包括拆旧占比、拆建比、就近安置率、租金涨幅等具体数据,核心思想是强调实施城市更新行动要顺应城市发展规律,尊重人民群众意愿,以内涵集约、绿色低碳发展为路径，转变城市开发建设方式。

3. 城市更新制度体系继续完善

2022年10月，党的二十大报告指出"提高城市规划、建设、治理水平，加快转变超大特大城市发展方式，实施城市更新行动"。2023年住房城乡建设部出台了《住房城乡建设部关于扎实有序推进城市更新工作的通知》（建科〔2023〕30号），核心要求在于全面、系统地推进城市更新工作，坚持城市体检先行，发挥规划统筹作用，强化精细化设计引导，创新可持续实施模式，并明确底线要求。7月21日，国务院常务会议审议通过了《关于在特大超大城市积极稳步推进城中村改造的指导意见》，要求充分发挥市场在资源配置中的决定性作用，更好发挥政府作用，加大对城中村改造的政策支持。7月24日，中央政治局会议召开，会议强调要加大保障性住房建设和供给，积极推动城中村改造和"平急两用"公共基础设施建设，盘活改造各类闲置房产。

2023年11月，自然资源部办公厅发布《自然资源部办公厅关于印发〈支持城市更新的规划与土地政策指引（2023版）〉的通知》（自然资办发〔2023〕47号），首次从中央层面提出创新支持城市更新的规划方法和土地政策，明确指出"城市更新成为国土空间全域范围内持续完善功能、优化布局、提升环境品质、激发经济社会活力的空间治理活动，是亟需坚持国土空间规划引领、加强规划与土地政策衔接、统一和规范国土空间用途管制的重要领域"。2024年6月，自然资源部办公厅印发《自然资源部办公厅关于进一步加强规划土地政策支持老旧小区改造更新工作的通知》（自然资办发〔2024〕25号），围绕在老旧小区改造中存在的难点、堵点困难问题，从规划和土地政策角度深入研究，积极回应地方有关诉求。

第三节　深圳、上海、广州城市更新制度体系建设

深圳、上海、广州等特大城市历经快速城市化进程，面临着"资源日趋稀缺""环境约束加大""城市问题日益突出"等挑战，迈入存量挖潜的城市发展阶段。近年来，三地在城市更新制度与实践建设方面发展迅速，城市更新制度体系呈现出体系化特征，并入选国家第一批城市更新试点城市。

一、城市更新特点

1. 深圳

改革开放以来,深圳历经40余年快速的工业化和城市化发展进程,从改革开放试验场到社会主义先行示范区,从经济高速增长逐步转向经济社会全面、高质量发展,是我国改革开放实现现代化进步发展的缩影。深圳的土地面积只有不到2000平方公里,不足北京的八分之一、上海的三分之一、广州的四分之一,人口密度全国最大。面对日益短缺的土地资源,城市更新成为深圳这个面积最小的超大城市实现可持续发展的现实需要,也成为响应社会发展需求,落实经济、社会、生态各领域综合发展目标的重要实施路径。深圳城市更新日益成为集保障产业转型升级、保护传承历史文化、补齐民生短板以及推进土地节约集约利用等多维目标于一体的综合性工程。

2. 上海

从最早作为全国重要的工商业城市和最大的经济中心城市,到建设"四个中心"以及"具有全球影响力的科技创新中心"即"五个中心"的目标;从城市中长期规划中的"全球城市"到社会主义国际化大都市,上海城市发展定位随着发展阶段的变化而不断变化,城市形态和功能也不断提升。在面临城市转型压力和土地资源紧缺的双重挑战背景下,新的经济形态逐渐代替以规模扩张为增长点的旧有城市经济模式,城市更新方式也由"拆改留"转向"留改拆",由外延扩张进入内涵式、渐进式的有机更新。

3. 广州

广州,是长盛不衰的"千年商都",是中国对外交流的重要窗口、全球海上贸易体系的重要枢纽,是中国近代以来在民族复兴、改革开放和现代化建设中勇立潮头的先锋城市。随着新增土地资源的日益稀缺,这座城市正逐步从传统的土地扩张模式转向提高存量土地资源利用效率。自2009年8月,广东省发布《关于推进"三旧"改造促进节约集约用地的若干意见》以来,经过10余年的发展,粤港澳大湾区已完成了相当体量的城市更新改造。在新时期背景下,广州城市更新肩负更高的使命——助力广州更好地承担国家中心城市的职责、助推粤港澳大湾区建设,需要从世界、国家和区域维度,对标全球先进城市,高站位、广视野谋划城市更新。

二、组织管理体系

1. 深圳

2019年前，深圳城市更新的核心管理机构为深圳市规划和国土资源委员会，其直接负责城市更新工作，下设分支城市更新局、土地整备局，分别负责相关业务。2019年1月，《深圳市机构改革方案》公示，不再保留深圳市规划和国土资源委员会，组建深圳市规划和自然资源局；原城市更新局、土地整备局合并为城市更新和土地整备局，由深圳市规划和自然资源局统一领导和管理。

在本轮机构改革中，原归属深圳市规划和自然资源局管理的深圳市城市更新和土地整备局更名为深圳市城市更新局，继续作为市政府工作部门，由深圳市住房和建设局统一领导和管理，原城市更新和土地整备局负责的土地整备相关职责划入深圳市规划和自然资源局。深圳市城市更新局负责统筹全市的城市更新工作，组织协调全市城市体检、城镇老旧小区改造、宜居城市建设等。

2. 上海

在2018年之前，上海市政府内设城市更新领导小组，负责领导上海全市城市更新工作，对城市更新重大事项进行决策。市规划和国土资源管理局内设城市更新工作领导办公室，负责城市更新的日常管理，技术规范、管理规程制定，更新项目的组织协调、监督检查，更新政策的宣传工作等。各区政府部门负责组织、协调和管理本辖区内的城市更新工作。

2018年10月，《上海市机构改革方案》公示，不再保留上海市规划和国土资源管理局，组建上海市规划和自然资源局。上海市规划和自然资源局内设详细规划管理处（城市更新处），承担控制性详细规划管理工作，负责城市更新相关政策的研究、实施和指导工作。2019年10月，上海市将旧区改造工作领导小组、大型居住社区土地储备工作领导小组、"城中村"改造领导小组、城市更新领导小组合并，成立城市更新和旧区改造工作领导小组（以下简称"领导小组"），由上海市市长担任组长。领导小组下设办公室、城市更新工作小组、旧区改造工作小组；领导小组办公室设在市住房和城乡建设管理委员会，城市更新工作小组设在市规划和自然资源局，旧区改造工作小组设在市住房和城乡建设管理委员会。

2021年8月，上海市发布了《上海市城市更新条例》，明确由市人民政府建立城市更新协调推进机制，统筹、协调全市城市更新工作，并研究、审议城市更新相关重大事项；办公室设在市住房和城乡建设管理部门，即上海市住房和城乡建设管理委员会。规划资源部门、住房城乡建设管理部门、经济信息化部门、商务部门是城市更新的主要职能部门，发展改革、房屋管理、交通等部门是协同实施部门，区人民政府和相关管委会是相应管辖区域内城市更新工作的责任主体。

3. 广州

2015年，广州市成立城市更新局，整合原市"三旧"改造工作办公室的职责、原市国土资源和房屋管理局负责的危房改造职责，以及原市城乡建设委员会承担的有关统筹城乡人居生态环境改善的职责，负责城市更新政策法律制定、管理办法研究、统筹更新实施等。广州城市更新管理工作以城市更新局为核心，由市城市更新领导小组领导，其他有关部门配合开展相关工作。2016年，广州试点开展"简政放权"，以26个城市更新重点项目为试点，将审核审批权限交由各区行使，以强化区政府的第一责任主体作用。

2019年1月，《广州市机构改革方案》公示，取消广州市城市更新局，相关工作分别转由广州市住房和城乡建设局、广州市规划和自然资源局等部门承担。其中，广州市住房和城乡建设局主要负责组织城市更新政策创新研究，拟定城市更新项目实施有关政策、标准、技术规范，编制城市更新计划等工作；广州市规划和自然资源局主要负责城市更新规划和用地管理等工作；发展改革、工业和信息化、财政、生态环境等相关部门在各自职责范围内负责城市更新相关工作。

三、政策法规体系

1. 深圳

2008年底，深圳紧紧抓住部省共建节约集约示范省的契机，在广东省"三旧"改造政策的指引下，于2009年出台了《深圳市城市更新办法》，率先提出"城市更新"概念，并以此为核心全面建立了城市更新工作的机制架构，明确城市更新单元规划是管理城市更新活动的基本依据，开始系统谋划全面推进城市更新。深圳市在全国率先开展城市更新立法，也是最早公布和施行城市更新条例的城市。2021年3月，《深圳经济特区城市更新条例》正式施行，这是全国首部城市更新的地方立法，也是深圳城市更新领域的重大事件。

在总结多年的制度设计和法治实践基础上，深圳立足改革创新、法治示范，形成了"1+N"的政策体系，构建了以条例为统领，以城市更新办法及其实施细则为核心的政策体系，为社会提供了相对完备的政策工具箱，为规划的有效实施提供制度保障（表2-1）。

深圳城市更新政策法规体系 表2-1

政策类型		政策名称	出台时间/文号	备注
地方性法规	"1"	《深圳经济特区城市更新条例》	2020年	/
地方性政府规章		《深圳市城市更新办法》	2009年	/
		深圳市人民政府关于印发《深圳市城市更新办法实施细则》的通知	深府〔2012〕1号	/
		深圳市人民政府办公厅印发《关于加强和改进城市更新城市更新实施工作的暂行措施》的通知	深府办〔2016〕38号	/
		《深圳市人民政府关于施行城市更新工作改革的决定》	深圳市人民政府令（第288号）	/
技术规范与操作指引	"N"	深圳市规划和国土资源委员会关于印发《深圳市城市更新项目保障性住房配建规定》的通知	深规土〔2016〕11号	有效期5年
		深圳市规划和国土资源委员会关于印发《深圳市城市更新项目创新型产业用房配建规定》的通知	深规土规〔2016〕2号	有效期5年
		深圳市规划和国土资源委员会关于印发《深圳市拆除重建类城市更新单元旧屋村范围认定办法》的通知	深规土规〔2018〕1号	有效期5年
		深圳市规划和国土资源委员会关于印发《深圳市拆除重建类城市更新单元土地信息核查及历史用地处置规定》的通知	深规土规〔2018〕15号	有效期5年
		深圳市人民政府办公厅关于印发《深圳市城市更新外部移交公共设施用地实施管理规定》的通知	深府办规〔2018〕11号	有效期5年
		深圳市人民政府办公厅关于印发《深圳市城市更新外部移交公共设施用地实施管理规定》的通知	深府办规〔2018〕11号	有效期5年
		深圳市规划和自然资源局关于印发《深圳市拆除重建类城市更新单元规划容积率审查规定》的通知	深规划资源规〔2019〕1号	/
		深圳市规划和自然资源局关于印发《深圳市拆除重建类城市更新项目用地审批规定》的通知	深规划资源规〔2019〕2号	/
		深圳市规划和自然资源局关于印发《深圳市拆除重建类城市更新单元计划管理规定》的通知	深规划资源规〔2019〕4号	有效期5年
		深圳市规划和自然资源局关于印发《深圳市拆除重建类城市更新单元规划审批规定》的通知	深规划资源规〔2020〕2号	有效期5年

2.上海

上海作为中国现代城市规划的起源地，城市更新活动起步早，19世纪40年代开埠之初就一直经历着城市更新。2014年以前，上海的城市更新主要包括政府主导推进重点地区整体转型、历史建筑保护再利用等。2014年和2015年上海市出台《关于本市盘活存量工业用地的实施办法（试行）》（沪府办〔2014〕25号）和《上海市人民政府关于印发〈上海市城市更新实施办法〉的通知》（沪府发〔2015〕20号）两个文件探索自主更新，城市更新从起步时的原权利主体自主更新为主，到引入市场主体、扩大参与对象，再到突出区域、统筹资源，推动城市更新整体转型。2021年8月，上海市十五届人大常委会第三十四次会议表决通过了《上海市城市更新条例》，意味着上海从地方性法规层面为有效推进城市更新工作提供了有力法治保障。

2022年11月，上海市出台《上海市城市更新指引》（沪规划资源规〔2022〕8号），由规划资源局负责，作为上承条例，下接各个部门相关工作的一个行动性文件，全面指导上海市城市更新活动开展。随后，城市更新规划土地实施细则、城市更新操作规程、城市更新专家委员会工作规程、城市更新行动方案（2023—2025年）及城市更新规划资源行动方案等一系列细化操作流程与政策要求的配套文件相继印发出台（表2-2）。

上海城市更新政策法规体系　　　　表2-2

政策类型		政策名称	出台时间/文号
地方法律	"1"	《上海市城市更新条例》	2021年
政策文件	"1"	关于印发《上海市城市更新指引》的通知	沪规划资源规〔2022〕8号
配套指引	"N"	关于印发《上海市城市更新规划土地实施细则（试行）》的通知	沪规划资源详〔2022〕506号
		关于印发《上海市城市更新操作规程（试行）》的通知	沪规划资源详〔2022〕505号
		关于印发《上海市城市更新专家委员会工作规程（试行）》的通知	沪规划资源详〔2023〕376号
		上海市人民政府办公厅关于印发《上海市城市更新行动方案（2023—2025年）》的通知	沪府办〔2023〕10号
		关于印发《2024年上海市城市更新规划资源行动方案》的通知	沪规划资源详〔2024〕124号

3. 广州

按照国土资源部和广东省合作共建节约集约用地示范省的部署，广东省在全国率先开展"三旧"改造工作，推进"旧城镇、旧厂房、旧村庄"存量用地的再开发，为国家建立城镇低效用地再开发制度提供了"广东经验"。

自2009年施行"三旧"改造起,广州城市更新的政策导向经历了多次修改和调整,城市更新的主导力量从早期的"市场"逐渐转向"政府"。2019年初,市委市政府在总结10年城市更新实践经验的基础上,提出以城市更新为核心抓手,统筹旧城、旧村、旧厂改造等九项重点工作,探索将城市更新与城市生态修复和城市功能修补融合转化为可量化、可操作、可实施的行动目标,系统解决城市发展不平衡、不充分的问题。2020年8月,广州市委十一届第十一次全会审议通过《中共广州市委广州市人民政府关于深化城市更新工作推进高质量发展的实施意见》(穗字〔2020〕10号)和《广州市人民政府办公厅关于印发广州市深化城市更新工作推进高质量发展的工作方案的通知》(穗府办函〔2020〕66号),对新一轮城市更新作出重要部署,强调产城融合、职住平衡、文化传承、生态宜居、交通便捷、生活便利;提出以深化城市更新为突破口,树立"全周期管理"意识,建立城市更新"一张图",以绣花功夫推进城市更新九项重点工作。

2021年7月,《广州市城市更新条例(征求意见稿)》发布,是对广州市十多年来行之有效的城市更新规章、政策进行总结提炼并上升为地方性法规的举措。2023年11月,《广州市城中村改造条例(征求意见稿)》向社会各界公开征求意见,这是全国首个"城中村"改造的地方性专项条例(表2-3)。

广州城市更新政策法规体系 表2-3

政策类型		政策名称	出台时间/文号
地方法律	"2"	《广州市城市更新条例(征求意见稿)》	2021年
		《广州市城中村改造条例》	2023年
政策文件	"2"	《中共广州市委广州市人民政府关于深化城市更新工作推进高质量发展的实施意见》	穗字〔2020〕10号
		广州市人民政府关于印发《广州市深化城市更新工作推进高质量发展的工作方案》的通知	穗府办函〔2020〕66号
配套指引	"N"	《广州市城市更新片区策划方案编制和报批指引》	穗建前期〔2020〕316号
		广州市住房和城乡建设局关于印发《广州市城中村全面改造大型市政配套设施及公共服务设施专项评估成本估算编制指引》的通知	穗建计〔2020〕315号
		广州市人民政府办公厅关于印发《广州市老旧小区改造工作实施方案》的通知	穗府办函〔2021〕33号
		《广州市城市更新实现产城融合职住平衡的操作指引》(2022年修订稿)	2022年

续表

政策类型		政策名称	出台时间/文号
配套指引	"N"	《广州市城市更新单元设施配建指引》(2022年修订稿)	2022年
		《广州市城市更新单元详细规划报批指引》(2022年修订稿)	2022年
		《广州市城市更新单元详细规划编制指引》(2022年修订稿)	2022年
		《广州市关于深入推进城市更新促进历史文化名城保护利用的工作指引》(2022年修订稿)	2022年
		广州市规划和自然资源局关于印发《广州市旧村全面改造项目涉及成片连片整合土地及异地平衡工作指引》的通知	穗规划资源规字〔2020〕4号

4.重点条例比较

作为全国首部城市更新地方性法规,《深圳经济特区城市更新条例》自2021年3月1日起正式施行,标志着深圳在全国率先探索城市更新市场化运作路径。《深圳经济特区城市更新条例》共7章72条,创设了"个别征收+行政诉讼"制度,有效破解了"钉子户""拆迁难"的问题,这也被业内看作该立法最大的亮点。此外,《深圳经济特区城市更新条例》还规定搬迁安置最低补偿标准,规定参与城市更新的市场主体必须是具有房地产开发资质的企业,单独设立综合整治篇章,明确了综合整治的范畴、管理的原则、程序等。

作为第二个为城市更新立法的城市,上海出台的《上海市城市更新条例》自2021年9月1日起正式施行。通读《上海市城市更新条例》,就能发现加强城市更新中的风貌保护是此次立法的一大重点,共有5章10个条文涉及风貌保护等内容,其中有2个条文是专门对"风貌协调要求"和"风貌保障"作出规定。此外,"城市更新保障"则是此次立法条款中的又一大亮点,《上海市城市更新条例》亮出一系列"政策包",从标准、规划、用地以及财政、金融、税收等方面提出了具体的支持措施。

虽然广州是第三个启动城市更新立法工作的城市,不过《广州市城市更新条例》至今未能如期颁布。2021年7月7日,《广州市城市更新条例(征求意见稿)》向社会公众公开征求意见。《广州市城市更新条例(征求意见稿)》共有8章53条,首次规定了在旧村更新项目中宅基地使用权人拒不交回土地使用权时村集体经济组织可以向人民法院提起诉讼,并重点针对微改造项目挖潜空间难、审批许可难、资金筹集难等瓶颈问题，提出了一系列解决措施。此外，征求意见稿还涉及相关制度，将争议纠纷解决方式纳入法治轨道，确保大多数人的利益得到保障。

(1) 城市更新范围

从条例的使用范围，即条例认定的城市更新的范围看，深圳、上海、广州对于城市更新活动的认定既有相同点，也有区别。相同的地方是都包含城市公共服务设施和城市基础设施；不同的地方是，深圳和广州更强调环境恶劣、有安全隐患、不符合社会发展要求的区域，上海则更关注区域功能布局、人居环境和城市风貌（表2-4）。

深圳、上海、广州城市更新范围　　　　　　　　　　　　表2-4

城市	更新范围
深圳	①城市基础设施和城市公共服务设施；②环境恶劣或存在重大安全隐患；③不符合经济社会发展、影响城市规划实施；④其他
上海	①城市基础设施和公共设施；②优化区域功能布局；③提升整体居住品质；④历史文化保护；⑤其他
广州	①历史文化遗产保护利用；②城市公共服务设施和市政基础设施完善；③环境恶劣或存在安全隐患；④不符合经济社会发展要求；⑤其他

(2) 城市更新基本原则

深圳、上海、广州的城市更新基本原则既体现了政府统筹、规划引领、公众参与等基本理念，同时也体现了数字科技、绿色低碳、共建共享等创新理念。此外，上海还明确提出了"留改拆"并举的城市更新原则（表2-5）。

深圳、上海、广州城市更新基本原则　　　　　　　　　　表2-5

城市	基本原则
深圳	政府统筹、规划引领、公益优先、节约集约、市场运作、公众参与
上海	规划引领、成片推进、政府推动、市场运作、数据赋能、绿色低碳、民主优先、共建共享
广州	政府统筹、多方参与、规划引领、系统有序、民主优先、共治共享

(3) 各部门职责

各个城市对于各级政府与部门职责的描述也略有不同，均明确了市人民政府在城市更新工作中的统筹领导作用，但深圳未明确城市更新的主管部门。广州、上海的更新主管部门为市住建部门，规划和自然资源部门负责组织编制城市更新相关各层次规划与土地管理工作。从管理的层级看，广州仅规定至区级层面，深圳规定至街道办事处层面，上海规定至街道与镇层面（表2-6）。

深圳、上海、广州城市更新部门职责　　　　　　表2-6

城市	行政部门		职责
深圳	市级	市人民政府	统筹全市城市更新工作；研究决定重大事项
		市城市更新部门	城市更新工作的主管部门；组织、协调、指导、监督；拟订城市更新政策；组织编制全市城市更新专项规划、年度计划；制定相关规范和标准
	区级	区人民政府	统筹推进辖区城市更新
		区城市更新部门	本辖区城市更新组织实施和统筹管理
	基层	街道办事处	配合区级部门；维护秩序
上海	市级	市人民政府	建立协调推进机制；统筹、协调；研究、审议重大事项
		规划资源部门	组织编制城市更新指引；推进产业、商业商办、市政基础设施和公共服务设施等相关工作；规划、土地管理
		住建部门	推进旧区改造、旧住房更新、"城中村"改造；项目建设管理
		经信部门	协调、指导重点产业发展区域的城市更新相关工作
		商务部门	协调、指导重点商业商办设施的城市更新相关工作
		其他	协同开展工作
	区级	区人民政府	组织、协调和管理
	基层	街道、镇	做好城市更新相关工作
广州	市级	市人民政府	成立城市更新领导机构；研究审定重大事项；作出重大决策
		市住建部门	城市更新工作主管部门；组织实施城市更新条例
		市规自部门	城市更新规划和用地管理
	区级	区人民政府	统筹推进本行政区域城市更新工作
	其他	其他部门	各自职责范围内相关工作

四、城市更新规划体系

上海、广州、深圳的城市更新规划体系都在积极探寻与国土空间总体规划和更新政策体系的衔接。深圳推行"城市更新专项规划+城市更新单元规划"，其中城市更新专项规划对接国土空间总体规划和分区规划，城市更新单元规划对接法定图则，并探索了"重点片区统筹规划"等中间层次的规划管控内容。上海城市更新实行"城市更新指引+更新行动计划+更新方案"的规划编制体系，其中城市更新指引编制应符合国民经济和社会发展规划、国土空间总体规划等，侧重更新目标和策略等；更新行动计划需明确城市更新区域的范围、目标和内容等；更新方案具体落实实施阶段的各项管控要求，通过控制性详细规划与国土空间规划体系进行衔接。

广州实行"国土空间总体规划+城市更新专项规划+详细规划"的更新规划编制体系，国土空间总体规划属于城市更新专项规划的上位规划（表2-7）。

深圳、上海、广州城市更新规划体系比较　　　　表2-7

内容	深圳	上海	广州
编制体系	城市更新专项规划+城市更新单元规划	城市更新指引+更新行动计划+更新方案	国土空间总体规划+城市更新专项规划+详细规划
总体层面	深圳市国土空间总体规划	上海市国土空间总体规划	广州市国土空间总体规划
专项规划	深圳城市更新专项规划	城市更新指引	广州城市更新专项规划
单元层面	城市更新单元	更新区域	国土空间详细规划单元
单元衔接的法定规划	法定图则	控制性详细规划	国土空间详细规划

1. 深圳

2019年6月，深圳出台《关于深入推进城市更新工作促进城市高质量发展的若干措施》（深规划资源规〔2019〕5号）（以下简称《若干措施》），要求市规划和自然资源主管部门在对接全市国土空间规划的基础上，编制规划期至2035年的全市城市更新规划，明确全市城市更新的总体目标、发展方向和实施策略。《若干措施》提出要适时启动全市城市更新"十四五"规划编制，提出更新目标和策略、分区管控、各类设施配建、实施时序等要求。《若干措施》对深圳城市更新现有的规划、计划体系进行了调整和完善，确定要搭建由中长期规划及年度计划组成的城市更新目标传导机制，主要创新涉及两方面：一是，增加规划期至2035年的全市城市更新规划，为全市城市更新政策及规划制定提供更具前瞻性及综合性的指引；二是，强化计划调控抓手，按照年度制定城市更新单元计划、规划和用地出让任务指标，搭建涵盖任务下达、过程跟踪、年终考核的年度计划管理机制，以保障中长期规划的有效落实。

《深圳经济特区城市更新条例》第十三条明确规定："市城市更新部门应当按照全市国土空间总体规划组织编制全市城市更新专项规划。"由此，深圳以城市更新单元为核心建立起"更新专项规划+更新单元规划"的规划编制体系。①"更新专项规划"为宏观层面（全市或各区）编制的深圳市城市更新专项规划，确定规划期内城市更新的总体目标和发展策略，明确分区管控、城市基础设施和公共服务设施建设、实施时序等任务和要求。如《深圳市城市更新"十三五"规划》划定了城市更新优先拆除重建区、拆除重建及综合整治并举区、限制拆除重建区、基本生态控制线、已批城市更新单元计划范围等。2022年2月，《深圳市城市更新和土地整备"十四五"规划》正式印发，指导各区城市更新"十四五"规划和城市更新年度计划制定。城市更新专项规划经市人民政府批准后实施，作为城市更新单元划定、城市更新单元计划制定和城市更新单元规划编制的重要依据。②"更新单元规划"主要内容有更新目标、方式、控制指标、基础设施、公共服务设施以及城市设计指引等，需对更新单元内拆除用地范围、利益用地范围和开发建设用地范围等进行划定。为了提高规划的可行性，更新单元规划编制阶段还需要制定实施计划，包括分期实施计划、落实期限、实施主体的各项责任等内容。

2.上海

2021年实施的《上海市城市更新条例》提出建立"城市更新指引+（区域体检评估）更新行动计划+更新实施方案"的规划编制体系，分别对应市级、区级、实施层面的三级规划管控。①在市级层面，编制城市更新指引，明确城市更新指引应符合国民经济和社会发展规划、国土空间总体规划，确定城市更新的指导思想、总体目标、重点任务、实施策略、保障措施等内容，体现区域更新和零星更新的特点和需求。②在区级层面，编制城市更新行动计划，明确更新区域的范围、目标定位、更新内容、统筹主体要求、时序安排、政策措施等。③在实施层面，编制更新实施方案，分别是区域更新方案和项目更新方案。其中，区域更新方案主要包括规划实施方案、项目组合开发、土地供应方案、资金统筹以及市政基础设施、公共服务设施建设、管理、运营要求等内容；项目更新方案主要包括规划实施方案和市政基础设施、公共服务设施建设、管理、运营要求等内容。政府或市场主体作为更新统筹主体，负责依据城市更新指引编制区域更新方案，在审批通过后作为实施依据。2022年印发的《上海市城市更新规划土地实施细则（试行）》（沪规划资源详〔2022〕506号）对于上海市区域更新、零星更新活动的规划、土地相关保障政策进行了完善。

3.广州

广州城市更新规划编制工作在国土空间规划的引导下，建立了"总体规划定目标定重点，专项规划建路径建机制，详细规划控指标定功能"的城市更新规划管控传导机制，形成了"总体规划+专项规划+详细规划"的编制体系。国土空间总体规划确定城市更新目标和重点，专项规划（《广州市城市更新专项规划（2021—2035年）》）搭建城市更新路径和机制，详细规划（更新单元详细规划）传导城市更新管控要求。具体来看，城市更新专项规划"建路径、建机制"，提出城市更新分区、项目类型、实施策略和正负面清单；城市更新单元详细规划"控指标、定功能"，实行"单元详细规划＋地块详细规划"的分层编制和刚弹结合的分级审批管控体系。《广州市城市更新单元详细规划报批指引》（2022年修订稿）明确指出："'城市更新单元'是国土空间详细规划单元的一种类型。"城市更新单元的刚性指标主要在单元导则中确定，弹性指标主要在地块图则中体现。

在技术层面，为了规范城市更新单元规划编制，广州市出台了《广州市城市更新单元详细规划编制指引》（2022年修订稿），明确相关成果内容包含技术文件（规划说明书、方案图集、专项评估）和法定文件（文本、城市更新单元导则）两部分。其中，规划说明书需要包含前期基础工作（前言、区位分析、单元划定、规划依据、现状基本情况）、核心内容（承载力说明、土地整备、城市设计指引、经济可行性、区域统筹）、规划方案（更新单元详细规划方案、分期实施方案、专项评估、附件）等内容。

第四节　首都北京城市更新制度体系建设

目光聚焦到首都北京，和其他超大城市一样面临着一系列来自大城市病及更新改造诉求的挑战，且率先进入减量发展的新阶段。近年来，北京城市更新从项目试点与专项行动出发，积极推行街区更新，体系化的制度设计也开始加速推进。北京以立法形式明确了对城市更新的概念界定，建立了由市委统筹的工作推进机制，初步构建起"1+N+X"的政策体系，一大批更新项目在历史名城保护、人居条件改善、产业高质量发展和城市品质提升等方面取得了显著成效。

一、北京城市更新的历史沿革

1. 1949—1978年：中央政务和工业生产优先的旧城更新阶段

1949年召开的中国人民政治协商会议决定北京作为中华人民共和国的首都，中央政府明确"行政中心区域设在旧城中心区"，以老城区改扩建为主的城市更新序幕由此拉开。这一阶段首都建设的总方针是"为中央服务、为生产服务、为劳动人民服务"，主要内容是以满足中央办公设施需求为重点，新建中央机关办公楼、配套住宅、使馆区、科研院所，并围绕国庆等重大活动对城市重要公共空间和公共设施进行保护性改造和拆除性重建,重塑首都面貌、勾勒城市轮廓。

进入20世纪60年代,在"先生产、后生活"城市建设方针的引领下,工业集中在市区、单位挤占居住用地,出现工业用房和生活用房比例失调、基础设施欠账、住房供应不足等城市问题。1972年,提出了《北京城市建设总体规划方案》(该方案未得到批复),首次在市区从城市更新的角度提出了控制规模和功能、大力发展郊区的设想,为之后的城市用地功能布局调整奠定了基础,为下一阶段市区的城市更新指明了方向。

2. 1978—2002年:生产与生活并重的城市开发与更新阶段

1978年,十一届三中全会作出了实行改革开放的重大决策,北京城市建设步伐加快。1982年颁布实施的《北京城市建设总体规划方案》,提出要统筹好经济建设与人民生活,控制重工业发展速度。生产生活并重的城市更新理念逐渐形成,在实践上主要体现为重要功能区建设与危旧房改造并举。在重要功能区建设方面,1993年北京市编制的总体规划确定了"两个战略转移"思想,要求城市建设重点从市区向远郊区转移、市区建设的重点从外延扩展向调整改造转移,控制市区、发展郊区,优化市区空间结构,调整工业用地,传统工业区开始搬迁改造,在原工业区开始建设金融街、CBD等新功能区,以商业开发带动危改的模式推动重要功能区建设。这一阶段北京的城市面貌和居民居住条件得到明显改善,与此同时,"推平头"的危改导致北京胡同大幅度减少,对城市肌理和历史文脉造成了一定程度的破坏。2002年9月,在侯仁之、吴良镛等25位专家的呼吁下,北京市政府决定停止在旧城区进行大规模危房改造。

3. 2002—2017年:以保护城市历史文脉为特征的城市更新阶段

进入21世纪,北京城市建设进程日益加快,成片拆除重建、增量更新的方式与旧城区历史文化遗产保护的矛盾愈加突出。2002年,北京市编制了《北京旧城25片历史文化保护区保护规划》,同年,确定了第二批15片历史文化保护区。2004年,《北京城市总体规划(2004年—2020年)》编制完成,随着对历史文化内涵认识的深化,对工业遗产的保护利用成为北京城市更新的有机组成部分。为迎接2008年北京奥运会,北京市对以首钢、焦化厂为代表的中心城工业区启动大规模的腾退疏解,798等电子厂区被注入艺术元素,成功转型为文化产业园区。2010年"中国建筑学会工业建筑遗产学术委员会"成立,工业建筑遗产的保护与利用达到了前所未有的高度。

这一阶段北京城市更新的主要内容是探索保护模式转型,保护实体空间,将文化资源活化融入都市生活。区域统筹、整体保护、微循环、有机更新成为这一阶段城市更新的关键词。

4.2017年至今：减量发展背景下的综合城市更新阶段

为破解北京"大城市病"，2015年2月10日习近平总书记在中央财经领导小组第九次会议上提出要疏解北京"非首都功能"。2017年，随着《北京城市总体规划（2016年—2035年）》正式发布，北京成为全国第一个提出减量发展的城市。在减量发展背景下，"控增量、促减量、优存量"成为这一阶段北京城市更新的总要求，推动城市可持续发展、高质量发展、高水平治理成为北京城市更新的新目标。与前述各阶段相比，其突出特点体现在更新目标的综合性、更新政策的体系性、更新方式的创新性、更新主体的多元性上。

二、北京城市更新的主要特点

1.服务保障中央政务功能的城市更新

北京作为中华人民共和国首都，为中央党政军领导机关工作服务是北京市的首要基本职责。北京的城市更新要为中央和国家机关优化布局提供条件，有序推动核心区内市级党政机关和市属行政事业单位疏解，并带动其他非首都功能疏解。结合功能重组与传统平房区保护更新，完善工作生活配套设施，提高中央党政军领导机关服务保障水平，为中央党政军领导机关提供优质服务，全力维护首都政治安全，保障国家政务活动安全、高效、有序运行。

2.落实新时代首都城市战略定位的城市更新

政治中心、文化中心、国际交往中心、科技创新中心，是北京的城市战略定位，也是一切工作的根本出发点和落脚点。北京的城市更新要落实北京城市总体规划，以新时代首都发展为统领，加强"四个中心"功能建设、提高"四个服务"水平，深化供给侧结构性改革，围绕国际科技创新中心、国际消费中心城市和"两区""三平台"建设等，强化"五子"联动，主动融入和服务新发展格局，打造出更多高品质活力空间，探索适合首都特点的城市更新之路，率先实现超大城市发展方式转型。

3.减量、高质量发展的城市更新

作为全国首个减量发展的超大城市，北京首都功能布局不断优化，北京的城市更新被赋予了更多的使命。要坚持减量和高质量发展要求，践行绿色节能减碳，推动城市更新和"疏整促"有效衔接,不搞"大拆大建",坚持"留改拆"并举,采用小规模、渐进式、可持续的城市更新模式。在减量的同时,更要提高质量和品质,焕新城市运行系统,不断提升城市资产和价值,增强城市竞争力和吸引力。

4.传承千年历史的城市更新

古都文化、京味文化、红色文化、创新文化是北京文化的标志和特征。北京的城市更新要加强文化传承和保护,要把老城整体保护放在更加突出的位置,实施保护性更新,保护传统风貌、传承历史文脉,敬畏历史、敬畏文化、敬畏生态,留住乡愁记忆。要弘扬京味文化、红色文化和创新文化,将其融入城市更新的全过程,讲好老北京故事,畅想新北京未来,通过文化塑造更加魅力无限的北京。

5.满足人民美好生活的城市更新

坚持以人民为中心,紧紧围绕"七有""五性",以解决危旧楼房和简易楼的安全隐患为着力点,全面推进老旧小区综合整治,补齐公共服务短板,改善人居环境,完善城市功能,激发城市活力,不断增强人民群众的获得感、幸福感、安全感。

三、北京城市更新的工作机制

为适应加快推进城市更新行动的要求,北京市建立起市区街(镇)三级负责的统筹推进工作机制,为探索各类城市更新模式、促进项目落地实施提供有效支撑。

1.市级高位协调——"专项小组+工作专班"的工作模式

2021年3月,北京市委城市工作委员会设立城市更新专项小组,负责协调推进城市更新各项工作任务落实。城市更新专项小组下设推动实施、规划政策、资金支持三个工作专班,负责组织相关成员单位研究推动城市更新重点工作。其中,推动实施专班负责制定城市更新年度任务计划并督促实施,跟踪指导示范项目、推广典型案例;规划政策专班负责研究城市更新规划、土地相关配套政策、标准并组织实施;资金支持专班负责研究制定城市更新资金筹集方案,改革创新财税制度,吸引社会资本积极参与城市更新。

2.区级主责推进——"以区为主、市区联动"的工作机制

目前,北京市已基本建立"以区为主、市区联动"多级协同的城市更新工作机制,发挥市区协调联动作用、落实区级主体责任,更好地实现政府统筹引导。市级政府部门负责全市城市更新的协调推进和日常管理,通过建立协同联动机制、加强

政策创新、深化"放管服"改革，支持各区推进城市更新工作。各区政府负责在市有关部门指导下，于其管辖领域内强化责任落实，制定更新计划，建立任务台账，组织街道、乡镇将各项任务落实落地落细，完成计划任务。同时，加强与中央单位联系机制建设，共同推进城市更新工作。当前，朝阳、昌平等区建立了区级组织领导机制，通过成立区城市更新专项小组、推动实施专班等方式，组织区级政府部门共同研究推动城市更新各项工作。

3. 街乡赋能实施——"共治平台、社区议事"的工作探索

在基层政府层面，当前北京的城市更新实践紧密结合街道、乡镇工作整合社会各界力量，重视群众工作，逐步建构广泛参与的更新治理新格局。在具体项目实施方面，结合当前北京市已有的接诉即办、街道（乡镇）工作等机制，进一步深化街道、乡镇在城市更新中的协同作用。街道、乡镇充分发挥"吹哨报到""接诉即办"等机制作用，组织推动本辖区内街区更新，梳理辖区资源，搭建共建共治共享平台，调解纠纷。居委会（村）发挥基层自治组织作用，了解居（村）民更新需求，组织参与更新活动。例如，白塔寺社区会客厅探索多主体共建途径，统筹政府、市场、社会多主体结合，结合疏解腾退补齐公共服务设施短板；石景山区鲁谷街道六合园南社区的老旧小区改造是由街道组织"老街坊议事会"和社区居民、设计方共商的公共空间改造设计方案；东城区雨儿胡同腾退改造以党建为引领，加强群众工作，搭建街道社区、产权单位、设计单位、平房区物业和居民沟通交流的平台，用好"居民议事厅""开放空间讨论"等机制。同时，在全市街道乡镇中推行责任规划师制度的基础上，进一步探索责任规划师深度参与街区更新工作，加强基层专业技术力量，助力搭建"共建共治共享"平台，提升精细化城市治理水平。

四、北京城市更新的政策体系

2020年，党的十九届五中全会审议通过的《中华人民共和国国民经济和社会发展第十四个五年规划和2035年远景目标纲要》首次提出"实施城市更新行动"，提出以高质量发展为目标、以满足人民宜居宜业需要为出发点和落脚点、以功能性改造为重点的城市更新工作要求。在此背景下，北京市出台了《北京市城市更新行动计划（2021—2025年）》《北京市人民政府关于实施城市更新行动指导意见》（京政发〔2021〕10号）《中共北京市委城市工作委员会城市更新专项小组工作方案》和《北京市人民政府关于印发〈北京市城市更新专项规划（北京市"十四五"时期

城市更新规划》)的通知》(京政发〔2022〕20号)等一系列城市更新相关政策,初步形成了首都城市更新政策体系框架。

2023年3月1日,《北京市城市更新条例》正式施行,紧紧围绕首都城市战略定位,明确了五大更新类型,并从土地、规划、资金、审批等方面明确了支持政策和保障措施,推动城市建设方式转变,并首次提出了城市更新实施方案这一概念及城市更新流程体系。随后,北京市住房和城乡建设委员会陆续发布了多份条例配套文件。2024年5月,为进一步明确城市更新实施方案的编制内容和技术要求,北京市住房和城乡建设委员会发布《北京市住房和城乡建设委员会关于印发〈北京市城市更新实施方案编制工作指南(试行)〉的通知》(京建发〔2024〕182号),明确城市更新实施方案的编制内容和技术要求,创新提出实施方案采用模块化编制,实施主体可根据不同项目类型与实际需求,选取相应模块完成方案编制。

目前,北京市以《北京市城市更新条例》为核心,以陆续出台的多个配套文件为支撑,初步形成"1+N+X"的城市更新政策体系,构建起城市更新制度体系的"四梁八柱",为城市更新行动扎实推进提供坚实的法规政策保障(表2-8)。

北京城市更新政策体系架构　　　　表2-8

综合指引	分类引导	配套细则
法律法规 指导意见 规划计划	居住类 产业类 设施类 公共空间类 区域综合类	土地 规划 资金 审批管理 技术标准 主体

1. "1"——加强顶层设计

"1"是指《北京市城市更新条例》以及配套细化的指导意见和行动计划,其中,指导意见是指《北京市人民政府关于实施城市更新行动的指导意见》(京政发〔2021〕10号)、行动计划是指《北京市城市更新行动计划(2021—2025年)》。条例及配套细化文件明确了北京城市更新的5大类、12项更新内容、9项基本要求,明确了北京城市更新的总体要求、目标原则、实施方式、保障措施等内容,构建了北京城市更新制度体系的基本框架。

2. "N"——坚持分类施策

"N"指相关配套规范性文件,对居住类、产业类、设施类、公共空间类、区域综合类等更新对象出台及动态补充分类型、差异化管控政策措施。经梳理,《北京市城市更新条例》配套文件主要包括项目库和计划管理、实施单元划定、实施主体确定、实施方案编制和申报、实施方案审查、并联审批和专家委员会等管理规定和规范性文件（表2-9）。

北京市已出台的部分配套规范性文件　　　　　　表2-9

分类		主要政策文件	出台时间/文号
居住类	核心区平房（院落）	北京市规划和自然资源委员会等4部门《关于首都功能核心区平房（院落）保护性修缮和恢复性修建工作的意见》	京规自发〔2021〕114号
	老旧小区	北京市规划和自然资源委员会等4部门《关于老旧小区更新改造工作的意见》	京规自发〔2021〕120号
	危旧楼房和简易楼	北京市住房和城乡建设委员会 北京市规划和自然资源委员会《关于进一步做好危旧楼房改建有关工作的通知》	京建发〔2023〕95号
产业类	老旧楼宇	北京市规划和自然资源委员会等4部门《关于开展老旧楼宇更新改造工作的意见》	京规自发〔2021〕140号
	传统商业设施	《北京培育建设国际消费中心城市实施方案（2021—2025年）》	2021年
		北京市商务局关于印发《北京市传统商业设施更新导则》的通知	京商函字〔2024〕198号
	老旧厂房	北京市规划和自然资源委员会等4部门《关于开展老旧厂房更新改造工作的意见》	京规自发〔2021〕139号
		北京市经济和信息化局关于印发《北京市老旧厂房更新导则》的通知	京经信发〔2024〕14号
	低效产业园区	北京市人民政府《关于加快科技创新构建高精尖经济结构用地政策的意见（试行）》	京政发〔2017〕39号
公共空间类		《北京市桥下空间利用设计导则》	2022年
		北京市园林绿化局关于印发《城市更新园林绿化设计导则》的通知	2023年
设施类		北京市发展和改革委员会《关于加大城市供热管道老化更新改造工作支持力度的通知》	京发改规〔2023〕5号
项目库和计划管理		北京市住房和城乡建设委员会关于印发《北京市城市更新项目库管理办法（试行）》的通知	京建法〔2024〕2号
实施单元划定		北京市住房和城乡建设委员会 北京市规划和自然资源委员会关于印发《北京市城市更新实施单元划定工作指引（试行）》的通知	京建发〔2024〕351号
实施主体确定		北京市住房和城乡建设委员会关于印发《北京市城市更新实施单元统筹主体确定管理办法（试行）》的通知	京建法〔2024〕1号
实施方案编制和申报		北京市住房和城乡建设委员会关于印发《北京市城市更新实施方案编制工作指南（试行）》的通知	京建发〔2024〕182号

续表

分类	主要政策文件	出台时间/文号
实施方案审查	北京市城市更新实施方案联合审查管理办法（试行）（征求意见稿）	2024年
并联审批	北京市住房和城乡建设委员会等5部门印发《关于优化本市城市更新项目审批服务推动并联办理的工作方案（试行）》的通知	京建发〔2024〕374号
专家委员会	北京市住房和城乡建设委员会关于印发《北京市城市更新专家委员会管理办法（试行）》的通知	京建法〔2024〕3号

3."X"——破解瓶颈问题

"X"是指各类规范和技术性标准，以此细化指导更新实践操作中的堵点、难点问题，通过小切口推动大改革（表2-10）。

北京市已出台的部分规范和技术性标准　　　表2-10

分类		主要政策文件	出台时间/文号
土地	不动产登记与变更	北京市人民政府办公厅《关于完善建设用地使用权转让、出租、抵押二级市场的实施意见》	京政办发〔2021〕10号
	产业转型升级	《北京经济技术开发区土地精细化管理办法（试行）（征求意见稿）》	2021年
	土地价款、年期等存量用地盘活政策	北京市人民政府办公厅印发《关于存量国有建设用地盘活利用的指导意见（试行）》的通知	京政办发〔2022〕26号
规划	功能混合与转换	关于印发《北京市建设用地功能混合使用指导意见（试行）》的通知	京规自发〔2023〕313号
	建筑规模管控	《北京市建筑规模管控实施管理办法（试行）》	京规自发〔2021〕355号
资金	社会资本	关于印发《关于引入社会资本参与老旧小区改造的意见》的通知	京建发〔2021〕121号
	投融资机制创新	北京市发展和改革委员会《关于做好区域综合性城市更新投融资机制创新有关工作》的通知	京发改〔2024〕217号
	公积金贷款	北京住房公积金管理中心《关于优化老旧小区改造后住房公积金贷款期限核定标准》的通知	京房公积金发〔2024〕14号
技术标准	消防	北京市规划和自然资源委员会关于发布《北京市既有建筑改造工程消防设计指南》（2023年版）的通知	京规自发〔2023〕96号
	人防	《北京市人民防空办公室关于明确城市更新项目结建人防设施要求的通知》	京人防发〔2022〕9号

续表

	分类	主要政策文件	出台时间/文号
主体	责任规划师	北京市规划和自然资源委员会 北京市住房和城乡建设委员会《关于责任规划师参与老旧小区综合整治工作的意见》	京规自函〔2021〕1568号
	国有企业	市国资委等5部门关于印发《关于加强市属国企土地管理和统筹利用实施意见》的通知	京国资发〔2020〕4号

小　结

发达国家和地区在第二次世界大战结束后开始积极出台更新政策以支持住区改善、住房提供、城市重建等行动，此后又各自经历了工业化、郊区化、去郊区化、中心城区复兴等不同发展时期和更新阶段，在城市更新的制度建设与实践运作方面具有参考价值。中华人民共和国成立后，经历了改革开放后经济高速发展的40年，我国经济发展进入新常态，城市功能不断提升，空间品质持续优化，城市更新逐渐上升为国家战略，城市更新制度体系不断完善。以深圳、上海、广州、北京为代表的一众城市已经探索建立起了较为完善的城市更新制度体系，虽仍有不足之处，但总体上承担起了规范与指导的基本职能，制度建设进入查漏补缺、完善打磨的阶段。

中篇 实践篇

北京市通过"项目试点+专项行动",诞生了一大批具有启发性的更新改造典型案例,积累了一大批城市更新项目的实践做法。其中,城市更新项目类型主要以居住类、产业类、公共空间类、区域综合性四类城市更新项目为主,设施类城市更新项目相对较少。设施类更新常常包括在区域综合性城市更新、公共空间类城市更新项目内容中一并实施。此外,考虑到设施类更新以政府投资为主,现行体制机制比较完备,因此,本书中篇重点分析居住类、产业类、公共空间类、区域综合性四类城市更新,结合近几年来城市更新咨询实践经验,系统分析总结各类城市更新项目的更新方向和实施内容、投融资模式、实施流程及审批程序,并对典型案例实践进行剖析。

居住类城市更新

居住是城市的基本职能之一，不同时代和地域条件下居住类地段演变出各自独特的形态肌理、建筑类型、社会结构和民俗习惯，是城市风貌特色的重要载体，也是人民美好生活的重要载体。作为城市更新的一种重要类型，居住类城市更新与广大人民群众生活息息相关，是贯彻"以人民为中心"发展思想的具体体现，是不断满足人民日益增长的美好生活需要。优化居住条件，健全市政和公共服务设施，解决人民群众"急难愁盼"问题，实现民生改善，是当前居住类更新的重要任务和挑战。

北京市居住类城市更新主要包括首都功能核心区平房院落申请式退租和保护性修缮、恢复性修建、老旧小区综合整治改造、危旧楼房和简易楼改建等，其更新改造全过程都与居民的利益密切相关，是群众"急难愁盼"问题，也是城市基层社会治理的重点与难点。近年来，北京市通过"项目试点+专项行动"，诞生了一大批具有启发性的居住类更新改造典型案例，如以东城钟鼓楼周边、西城大栅栏观音寺片区为代表的老旧平房院落申请式退租，以"劲松模式""首开经验"为代表的老旧小区改造，以光华里5、6号楼为代表的全市首个危旧楼房改建试点，积累了一大批城市更新项目的实践做法，逐渐探索出一套具有北京特色的居住类城市更新实施模式和实施路径。

第一节　更新方向和实施内容

一、更新方向

居住类城市更新项目可细分为：老旧小区改造、危旧楼房和简易楼改建、老旧平房院落更新，重点保障居住安全底线，改善人民居住条件，提升人居环境品质，优化公共服务体系，促进职住平衡发展，提升社区治理水平。

（1）老旧小区改造。实施老旧小区改造的，重点开展住宅楼房抗震加固和节能综合改造，整治提升小区环境，健全物业管理和物业服务费调整长效机制，改善老旧小区居住品质。充分利用业主共有的设施与公共空间，可以通过改建、扩建用于补充小区便民服务设施等。

（2）危旧楼房和简易楼改建。实施危旧楼房和简易楼改建的，改建项目应当不增加户数，可以利用地上、地下空间，补充部分城市功能，适度改善居住条件，可以在符合规划、满足安全要求的前提下，适当增加建筑规模作为共有产权住房或者保障性租赁住房。对于位于重点地区和历史文化街区内的危旧楼房和简易楼，鼓励和引导物业权利人通过腾退外迁改善居住条件。

（3）老旧平房院落更新。实施首都功能核心区平房院落保护性修缮、恢复性修建的，可以采用申请式退租、换租、房屋置换等方式，完善配套功能，改善居住环境，加强历史文化保护，恢复传统四合院基本格局；按照核心区控制性详细规划合理利用腾退房屋，建立健全平房区社会管理机制。

二、项目实施内容

1. 老旧小区改造项目实施内容

1）老旧小区的认定

不同地区、不同城市对老旧小区的认定各不相同，《国务院办公厅关于全面推进城镇老旧小区改造工作的指导意见》（国办发〔2020〕23号）指出，城镇老旧小区是指城市或县城（城关镇）建成年代较早、失养失修失管、市政配套设施不完善、社区服务设施不健全、居民改造意愿强烈的住宅小区（含单栋住宅楼）。各地要结合实际，合理界定本地区改造对象范围，重点改造2000年底前建成的老旧小区。《北京市国民经济和社会发展第十四个五年规划和二〇三五年远景目标纲要》提出，今后5年，北京将力争完成全市2000年底前建成的老旧小区改造任务，精准实施适老化改造、加装电梯、绿化改造，补充便民设施和停车设施。

2）老旧小区改造项目实施内容

为贯彻国家关于城镇老旧小区改造的决策部署，落实北京市关于城镇老旧小区综合整治工作要求，规范指导北京市开展老旧小区综合整治工作，在深入调研、总结实践、借鉴经验的基础上，北京市印发《北京市老旧小区综合整治标准与技术导则》。老旧小区综合整治可分为综合治理和综合改造两部分内容，其中老旧小区综合治理内容主要包括拆除违法建设、清理地桩地锁、整治开墙打洞、清理群租、地下空间整治、完善小区治理体系和建立规范化物业管理长效机制；老旧小区综合改造内容主要包括楼本体改造和小区公共区域改造两大类内容，每一类又分为基础类改造、完善类改造、提升类改造三类。

（1）基础类。为满足居民安全需要和基本生活需求的内容，主要是市政配套基础设施改造提升以及小区内建筑物屋面、外墙、楼梯等公共部位维修等。其中，改造提升市政配套基础设施包括改造提升小区内部及与小区联系的供水、排水、供电、弱电、道路、供气、供热、消防、安防、生活垃圾分类、移动通信等基础设施，以及光纤入户、架空线规整（入地）等（表3-1）。

老旧小区综合改造（基础类）内容一览表　　　表3-1

范围	类别		项目内容
老旧小区综合改造（基础类）	楼本体改造	抗震加固	对经鉴定不满足抗震设防要求的房屋同时进行抗震加固，区分不满足程度进行选择：整体加固与改造、外套加固、局部加固
		对性能或节能效果未达到民用建筑节能标准50%的楼房进行节能改造	①拆除楼本体窗户外所有护栏，对一层加装内崁式隐形护栏和防盗纱窗，二层以上加装防盗纱窗
			②屋面改造，包括屋面破损渗漏修复或屋面外新做保温、防水，对具备条件的加装太阳能光伏系统，屋面防雷系统修复
			③外墙改造，包括新做外保温、阳台保温或已有外保温的空鼓渗漏修复
			④外窗改造，包括公共外窗、单元门更换，住户出资更换外窗
		空调规整、楼体外面线缆规整（入地）	①规整室外空调机护栏、冷凝管
			②附墙管线规整（入地）
		对楼本体进行清洗粉刷、楼梯等公共部位维修	①楼内公共区域的楼梯间、走道、门厅的内墙面、顶棚粉刷
			②弱电线路规槽
			③楼梯间、公共走道更换节能灯具
			④外墙饰面整治，包括外立面美化、雨水管更换
		完善建筑单元出入口无障碍设施	住宅楼出入口无障碍改造，满足以下四种情况之一
			①出入口高差较小时，改造为平坡出入口
			②出入口高差较大时，同时设置入口平台、台阶、轮椅坡道与安全扶手
			③出入口高差较大时，同时设置入口平台、台阶、升降平台与安全扶手
			④住宅楼单元门扩宽门洞、消除门槛高差

续表

范围	类别		项目内容
老旧小区综合改造（基础类）	楼本体改造	屋面平改坡	多层住宅屋面平改坡
	小区公共区域改造	供水与排水	①对给水管材、设备不符合国家卫生标准和相关政策要求的；给水管道使用年限较长，存在跑、冒、滴、漏现象和阀门锈蚀、漏水的；采用自备井供水的，应进行改造、修复或更换
			②排水系统存在雨污混、错接情况的，应进行改造
			③雨水控制利用宜与海绵城市建设相结合
			④地下室车道地面出入口应有防止雨水进入的截水和挡水设施
		燃气与供热改造	①小区燃气管道、管件、调压设施等有严重腐蚀、损坏失效的，应维修或更换
			②小区供热管网管道、管件、换热设施等有损坏、超期使用的，应维修或更换
		供电改造	①不满足正常使用或增设电梯等需要时，应考虑增容
			②现有架空敷设的低压电缆规范梳理
		弱电架空线规整（入地）	小区内明设的通信光缆、有线电视等线路，应进行规范梳理
		道路更新	①宜结合现状条件进行改造、梳理消防通道、车行、人行系统
			②修补破损道路等，人行道铺装修复及补建
			③破损井盖更换及周边路面龟裂破损维修
			④小区内人行道无障碍改造，实现小区入口、主要道路、主要活动场地和住宅单元出入口之间的无障碍通行
		环卫设施	配备垃圾分类收集容器，维修破损的垃圾转运站、垃圾收集点、公共厕所
		消防、安防设施	①应实现消防安全通道和安全出口畅通
			②合理设置视频安防监控系统、楼宇（可视）对讲系统、出入口控制系统、电梯对讲通话系统，停车库（场）管理系统等安防设施
		其他适老化改造	①小区内主要道路至住宅楼单元门增设夜间照明系统
			②小区内养老服务机构及养老服务商出入口无障碍改造，满足以下三种情况之一 a.出入口高差较小时，改造为平坡出入口 b.出入口高差较大时，同时设置入口平台、台阶、轮椅坡道与安全扶手 c.出入口高差较大时，同时设置入口平台、台阶、升降平台与安全扶手
			③小区内老年人专用活动场地平整地面、更换防滑地材及消除场地高差坎

续表

范围	类别		项目内容
老旧小区综合改造（基础类）	小区公共区域改造	其他适老化改造	④小区内高台、水池等临空、临水处增设安全警示标志及防护措施
			⑤小区内导引指示标志系统适老化改造
			⑥公共场所及住宅楼加装宣传橱窗或电子屏，加强养老、孝老、敬老文化宣传

（2）完善类。为满足居民生活便利需要和改善型生活需求的内容，主要是环境及配套设施改造建设、小区内建筑节能改造、有条件的楼栋加装电梯等。其中，环境及配套设施改造建设包括拆除违法建设，整治小区及周边绿化、公共照明等环境；改造或建设小区及周边适老设施、无障碍设施、停车库（场）、电动自行车及汽车充电设施、智能快件箱、智能信包箱、文化休闲设施、体育健身设施、物业用房等配套设施（表3-2）。

老旧小区综合改造（完善类）内容一览表　　　表3-2

范围	类别		项目内容
老旧小区综合改造（完善类）	楼本体改造	室内供水、排水和供热管道改造	①更换室内不符合国家卫生标准或存在跑、冒、滴、漏现象和阀门锈蚀、漏水的给水管道（包括干管、立管，至用户水表前）
			②更换室内存在跑、冒、滴、漏现象和阀门锈蚀、漏水的排水管道（包括干管、立管，首层改为单排）
			③更换室内存在跑、冒、滴、漏现象和阀门锈蚀、漏水的供热管道
		增设电梯	有条件的四层及以上多层住宅楼房加装电梯或安装辅助爬楼的辅助设施
		屋面平改坡	多层住宅屋面平改坡
	小区公共区域改造	小区及周边绿化	①通过栽种树木，增设公共绿地、宅旁绿地、配套公建所属绿地、道路绿地等方式补建完成相应面积的绿地
			②在进行绿地改造时，应结合小区实际情况逐步完善浇灌系统及水源，提高非传统水源使用效率
		公共照明	完善路灯照明
		改造或建设小区及周边适老设施、无障碍设施	①小区内道路宜采用人车分行管理
			②小区绿化与公共场地整治改造，增设老年人活动场地并保证轮椅可通达
			③老年人活动场地增设健康锻炼器材及使用指导说明，老年人活动场地及散步道沿途增设休憩座椅和公共娱乐设施

续表

范围	类别		项目内容
老旧小区综合改造（完善类）	小区公共区域改造	改造或建设小区及周边适老设施、无障碍设施	④老年人活动场地设置专用放置随身物品及衣物的设施
			⑤老年人活动场地周边增设无障碍卫生间或在临近公共卫生间内设置无障碍厕位
			⑥小区内商业、医疗、银行及其他公共设施出入口无障碍改造，满足以下三种情况之一 a.出入口高差较小时，改造为平坡出入口 b.出入口高差较大时，同时设置入口平台、台阶、轮椅坡道及安全扶手 c.出入口高差较大时，同时设置入口平台、台阶、升降平台与安全扶手
			⑦小区内商业、医疗、银行及其他公共设施内的公用卫生间增设无障碍厕位或无障碍卫生间
			⑧小区内商业、医疗、银行及其他公共设施内增设老年人专用休憩区或服务区
		停车库（场）、电动自行车及汽车充电设施	①根据现状条件重新规划、建设停车库（场），预留充电设施安装条件，并同步改造或新建供电设施
			②建设电动车集中停放和充电场所
		智能信包箱	清理楼道内散乱的信报箱，安装智能信包箱
		室外健身设施及公共活动场地	统筹设置室外综合健身场地（含老年户外活动场地）和设置儿童、老年人活动场地及室外健身器械
		物业服务用房	原规划建设的物业服务用房被挪作他用的，应回归物业服务，有条件的建设物业服务用房
		文化休闲设施	结合小区人口结构、数量统筹设置文化活动站

（3）提升类。为丰富社区服务供给、提升居民生活品质、立足小区及周边实际条件，积极推进的内容主要是公共服务设施配套建设及其智慧化改造，包括改造或建设小区及周边的社区综合服务设施、卫生服务站等公共卫生设施、幼儿园等教育设施、周界防护等智能感知设施，以及养老、托育、助餐、家政保洁、便民市场、便利店、邮政快递末端综合服务站等社区专项服务设施（表3-3）。

老旧小区综合改造（提升类）内容一览表　　　　表3-3

范围	类别	项目内容
老旧小区综合改造（提升类）	楼本体改造	太阳能光伏系统
		屋顶美化

续表

范围	类别	项目内容
老旧小区综合改造（提升类）	小区公共区域改造	社区服务与党群服务中心（站）
		养老服务设施
		托育设施
		医疗卫生设施
		便民市场、便利店
		家政服务网点
		社区食堂
		信息发布设施
		智慧小区
		小区特色风貌

《北京市实施城市更新行动三年工作方案（2023—2025年）》提出，一是，确保完成市属需改造老旧小区改造任务。统筹推进计划内约4000万平方米改造任务，剩余的4200万平方米根据居民意愿和改造需要有序实施推进，其中，重点推进完成约300万平方米抗震加固节能综合改造任务、约1600万平方米节能综合改造任务和群众改造意愿强烈的改造项目。到2025年，确保完成2000年底前建成需改造的老旧小区改造任务。二是，支持配合推进中央和国家机关在京老旧小区改造。到2025年，协助国务院国资委力争基本完成其监管的约2200万平方米在京中央企业老旧小区改造任务。三是，支持配合推动军队在京老旧小区改造。到2025年，协助军队力争基本完成560万平方米军队在京老旧小区改造任务。总体来看，北京市老旧小区改造任务重、资金需求量大。

2. 危旧楼房和简易楼改建项目实施内容

1）危旧楼房和简易楼的认定

危旧楼房是指经房屋管理部门认定，建筑结构差、年久失修、基础设施损坏缺失、存在重大安全隐患，以不成套公有住房为主的简易住宅楼，和经房屋安全专业检测单位鉴定没有加固价值或加固方式严重影响居住安全及生活品质的危旧楼房。

简易住宅楼，是指20世纪50年代后期至70年代中期建设的一批低标准住宅楼，多为2～3层砖混结构，其设计使用寿命一般为20年，没有专用厨房和卫生间。大多采用外廊式结构设计，墙体采用空斗墙（立砖空心砌法）或大型炉渣砌块；

楼板承载能力低，部分屋面板为钢筋混凝土薄板；房屋未进行抗震设防。

2）危旧楼房和简易楼改建项目实施内容

危旧楼房和简易楼要优先解危排险，保障安全底线，做好危旧楼房翻建和简易楼有序外迁腾退。改建和扩建符合规划的危旧楼房和简易楼，保障住宅安全，配齐厨卫空间，合理利用地下空间、腾退空间和闲置空间补建配套设施。对于不符合规划要求、位于重点地区和历史文化街区内的简易楼，鼓励居民腾退外迁，改善居住条件。鼓励利用简易楼腾退建设绿地或基础设施、公共服务等公益性设施。

《北京市实施城市更新行动三年工作方案（2023—2025年）》提出要加快推进危旧楼房和简易楼改建腾退工作。总结推广试点经验，优先实施核心区存在重大安全隐患、改造需求强烈的项目，逐步扩大试点范围，同步推动央属项目实施。推进文保区简易楼解危排险腾退。到2025年，完成不少于60万平方米危旧楼房改建和简易楼腾退改造任务。

3. 老旧平房院落更新项目实施内容

老旧平房院落更新项目通过合理高效地利用腾退房屋，更新后的房屋优先用于服务保障首都功能、补齐地区公共服务设施、传承展示传统文化和发展租赁住房。结合老城更新改造，分区域、分片区完善道路微循环、解决停车问题、连通慢行系统，提高出行便利性和安全性，改善交通环境品质。完善街巷物业，恢复性修建工作完成后，引导通过购买服务的方式委托物业服务企业或组织其他力量，建立平房区物业管理机制。

以平房区住房与社会更新为基础，坚持保障对保障，持续推进平房区申请式退租、换租和保护性修缮、恢复性修建，完善"共生院"模式，逐步拆除院内违法建筑，恢复传统四合院基本格局。改善留驻居民住房和基础设施条件，推进平房住宅成套化改造，引导功能有机更替、居民和谐共处。保持老城格局尺度，延续城市特色风貌，恢复具有老北京味的生活场景。

《北京市实施城市更新行动三年工作方案（2023—2025年）》提出要全面推进平房院落保护性修缮、恢复性修建。到2025年，确保完成首都功能核心区平房院落6000户申请式退租和3600户修缮。

第二节　项目实施和投融资模式

一、项目实施模式

1. 老旧小区改造项目实施模式

当前，北京市老旧小区更新改造项目以基础类改造为主、财政资金为主的投资特征突出。由于建筑规模增量受限、物业收费标准低、停车设施等可经营性空间少等特点，导致社会资本参与积极性不强、社会资本参与渠道不畅通。需加快健全社会资本参与机制，大胆尝试，改革创新，积极探索老旧小区更新改造新模式，创造可复制、可推广的经验。

1）引入社会资本

企业投资改造运营，统筹小区内部及周边存量资源，引入市场主体，活化利用低效空间并授权市场主体限期经营，通过投资、设计、建设、运营、管理等要素组合运作。具体可包括以下几种方式。

（1）社会资本可通过提供专业化物业服务方式参与。按照《北京市物业管理条例》的规定，业主共同决定由物业服务企业提供物业服务的，可以授权业主委员会或物业管理委员会通过招标等方式选定物业服务企业，物业服务企业参与老旧小区改造。小区已有物业服务企业的，经业主委员会或者物业管理委员会组织业主共同决定，依据居民提升物业服务水平和老旧小区改造的需求，业主组织重新与物业服务企业签订物业服务合同。

（2）社会资本可通过"改造+运营+物业"方式参与。在街道（乡镇）指导下，经业主委员会或物业管理委员会组织业主共同决定，可以将小区共用部位的广告、停车等公共空间利用经营与物业服务打包，采用招标等方式选定社会资本，社会资本通过投资改造，获得小区公共空间和设施的经营权，提供物业服务和增值服务。

（3）社会资本可通过提供专业服务方式参与。业主组织或实施主体可通过招标或竞争性谈判选择养老、托育、家政、便民等专业服务企业投资改造或经营配套设施，提供专业服务。

（4）社会资本作为实施主体参与老旧小区改造。区政府可通过"投资+设计+

施工+运营"一体化招标确定老旧小区改造实施主体,既可作为单个小区的实施主体,也可通过区政府组织的大片区统筹、跨片区组合,作为多个小区及周边资源改造的统一实施主体。实施主体可与专业企业联合投标。

2)政府主导投资建设

对于以基础类改造为主、内容单一的老旧小区改造项目,无法引入社会资本参与,可由辖区街道办事处按照"顾安全、保基本"的原则申请由政府投资实施基础类改造。

2. 危旧楼房改建项目实施模式

北京市危旧楼房改建项目实施模式主要包括通过翻建、改建或适当扩建方式进行改造,以及腾退置换。

1)对位于核心区内历史文化街区和其他成片传统平房区、规划道路、绿地、广场、水域的危旧楼房,以及政务功能要求高的重点地区内的危旧楼房,应进行腾退置换,引导居民异地安置,按照北京市相关规定执行。除上述地区外,在符合规划用途管控和风貌保护要求,且周边条件允许的情况下,可通过翻建、改建或适当扩建方式进行改造。

2)对不具备就地改建条件,需按照腾退置换方式实施的危旧楼房,拆除的建筑规模(不含违法建设)可由各区纳入建设指标池,统筹使用指标。拆除后的用地可按规划进行建设或利用。

3)对就地改建的项目,可适度改善原有居民的居住条件,并按如下原则控制套内增加的面积。

(1)对于非成套住宅进行成套化改造,套内可适当增加厨房、卫生间面积,具体可参照国标和北京市《住宅设计规范》DB11/1740—2020最低标准执行,使用面积厨房不小于4平方米、卫生间不小于3平方米。

(2)对于成套住宅,应尽量在原有套内建筑面积的基础上通过内部调整进行优化,原则上原建筑面积大于70平方米的套型不再增加套内建筑面积,原建筑面积小于70平方米的套型,且原厨房、卫生间面积小于北京市《住宅设计规范》DB11/1740—2020最低标准的,可以参照规范适当增加厨房和卫生间使用面积达到最低标准。

(3)套内建筑面积外的公共部分改造,应因地制宜结合项目具体情况,在满足基本适用的前提下,按照节约、高效的原则设计。

4)改建项目原则上不增加原有居民户数,对于改建前存在多户合居情况的,经区政府认定后,改建后可以原地分户安置。

5)危旧楼房改造项目增加规模须符合建筑规模管控要求。在适度改善原有居民居住条件的基础上,具备条件的,还可充分利用地上、地下空间适当增加建筑规模,用于建设配套设施、保障性租赁房、公租房或共有产权住房等,增加的建筑规模由区政府在全区建筑规模总量中统筹平衡。增加建筑规模涉及经营性用途的,应依法办理土地有偿使用手续。增加的保障性租赁房由区政府按照有关政策执行,公租房由市区平台公司持有运营,共有产权住房应按照《北京市共有产权住房管理暂行办法》有关规定,确定销售价格和售房对象,所得收益可用于反哺项目投入。

3.简易楼改建项目实施模式

(1)实施简易楼改建的,改建项目应当不增加户数,可以利用地上、地下空间,补充部分城市功能,适度改善居住条件;可以在符合规划、满足安全要求的前提下,适当增加建筑规模作为共有产权住房或者保障性租赁住房。

(2)对于位于重点地区和历史文化街区内的简易楼,鼓励和引导物业权利人通过腾退外迁改善居住条件。对位于核心区的、经市、区房屋管理部门认定的简易楼开展腾退搬迁,鼓励腾退后空间用于建设绿地或基础设施、公共服务等公益性设施。

4.老旧平房院落更新项目实施模式

实施首都功能核心区平房院落保护性修缮、恢复性修建的,可以采用申请式退租、换租、房屋置换等方式,完善配套功能,改善居住环境,加强历史文化保护,恢复传统四合院基本格局;按照核心区控制性详细规划合理利用腾退房屋,建立健全平房区社会管理机制。核心区以外的地区可以参照执行。

1)申请式退租

申请式退租主要是由区级人民政府相关主管部门确定的区域内的住房承租人或住房产权人,在平等沟通后自愿提出退房申请的一种模式。

实施主体完成直管公房申请式退租和恢复性修建后,可以获得经营房屋的权利。

首都功能核心区平房院落腾退空间,在满足居民共生院改造和申请式改善的基础上,允许实施主体依据控制性详细规划,利用腾退空间发展租赁住房、便民服务、商务文化服务等行业。

区属直管公房完成退租、腾退后,可以由实施主体与区人民政府授权的代持机构根据出资、添附情况,按照国有资产管理有关规定共同享有权益。

2）换租

由换租主体将换租人平移置换到本退租片区内已退租直管公房房屋内居住，换租人解除原直管公房承租关系后按照换租后的房屋情况，原承租面积部分与房管所重新签订直管公房租赁合同，超出原承租面积部分与换租主体另行签订租赁合同。

3）市场租赁

直管公房换租主体，与直管公房承租人以市场化租赁方式承租直管公房，承租关系不发生改变。

由换租主体给予换租人市场租金，换租人自行解决住房。

4）房屋置换

直管公房换租主体，与直管公房承租人以市场化租赁方式承租直管公房，承租关系不发生改变。

由换租主体给予换租人市场化租金，由换租主体或区政府主管部门提供租赁住房，换租人按照市场租金标准缴纳租金。

二、项目投融资模式

1. 老旧小区改造项目投融资模式

1）资金来源

老旧小区改造资金来源主要包括政府出资、专业公司出资、社会资本出资、居民出资四个方面。

（1）政府出资

①对不属于给水、电、气、通信等专业公司实施的基础类改造，以及社会资本未介入的完善类、提升类改造，可由区政府投资并组织实施。对国有产权小区进行改造的，鼓励原产权单位和管理单位共同出资或管理单位单独出资参与改造。

②积极申请中央财政补助资金、中央预算内投资、省（市）级资金补助，提前部署，做好项目储备，在规定时限内做好申报。

（2）专业公司出资

对水、电、气、通信等专业领域基础类改造内容，由专业公司组织实施，改造后专业设施设备的产权可依照法定程序移交给专业公司，由其负责后续维护管理。

（3）社会资本出资

市区有关部门和各街道可积极搭建平台，结合小区业主意愿，通过提供社区相关资源，引入社会资本投资参与老旧小区改造，并委托其后续运营。

（4）居民出资

引导居民通过直接合力募集、使用住房公积金、使用住房维修资金等方式出资出力参与公共区域的改造，或自行募资开展如增加电梯、智能停车设施，公共活动用房等。

2）资金支持政策

为加快推进老旧小区改造工作，不断改善人居环境，满足人民群众对美好生活的需要，北京市出台了一系列资金支持政策，有力保障了老旧小区改造项目资金需求。

（1）市区财政补助

北京市老旧小区综合整治按照市区财政资金分担，由政府负责改造、财政部门给予补助的项目，财政实施定额补助；增设电梯、增设楼道代步器改造项目，市财政实施定额补助（表3-4）。

①市财政根据补助单价，按实际改造工程量实施定额补助。其中，拆除重建、外套式加固改造项目的周转费折算至补助单价中，合并实施。考虑到各区实际情况，城六区、通州区区财政负担改造资金不高于市级补助单价的1.2倍；远郊区区财政负担改造资金不高于市级补助单价。在此基础上，各区应结合实际，制定本区财政补助限额，并将投入资金控制在限额以内。

②增设电梯、楼道代步器按照相关规定执行，市级财政按照定额补助，各区财政可以结合本区实际制定本区有关补助政策，其余资金由企业、个人共同承担。

（2）市政府固定资产投资

由政府、专业公司和责任主体负责改造，市发展改革委给予补助的配电、热力、燃气、给排水管网等基础设施改造项目，按照《加快推进自备井置换和老旧小区内部供水管网改造工作方案》《北京市老旧居民小区配网改造工作方案（2018—2022）》《关于本市老旧小区配套专业管线统筹改造资金支持政策有关事项的通知》等有关规定执行。北京市老旧小区配套专业管线统筹改造的具体资金支持政策汇总如表3-5所示。

老旧小区综合整治市财政补助清单　　　　　表3-4

序号	分项改造内容		市级资金支持		备注
			房改房（本市）	商品房	
1	（一）抗震节能综合改造	拆除重建改造	2630元/平方米	2630元/平方米	费用按照原面积计算
2		外套式加固	2280元/平方米	2280元/平方米	费用按照原面积计算，包含本表中第8-12项
3		传统方式加固	1200元/平方米	1200元/平方米	费用包含本表中第8-12项
4	（二）节能综合改造	多层楼房改造	340元/平方米	340元/平方米	费用包含本表中第8-12项
5		高层楼房改造	290元/平方米	290元/平方米	费用包含本表中第8-12项
6	（三）架空线入地	通信架空线入地	780元/米	780元/米	长度按管沟长度计算
7		路灯架空线入地	750元/米	750元/米	长度按管沟长度计算
8	（四）不实施抗震节能综合改造、节能综合改造时的单项改造	楼内上下水改造	60元/平方米	0	
9		热计量改造	20元/平方米	0	
10		空调规整、楼体外面线缆规整	20元/平方米	0	
11		对楼体进行清洗粉刷	30元/平方米	0	
12		拆除楼体各层窗户外现有护栏，加装隐形防护栏	20元/平方米	0	
13	（五）环境整治提升	绿化补建、修补破损道路、完善公共照明、更新补建信报箱、无障碍设施和适老性改造、增设再生资源收集站点、有条件的大型居住小区增建公厕、完善垃圾分类投放收集站、架空线规范梳理、完善安防和消防设施、增建社区综合服务设施、完善小区信息基础设施和技术装备	300元/平方米	0	费用按小区公共区域实施改造的面积计算
14	（六）电梯专项改造	增设电梯	64万元/部	64万元/部	
15		增设楼道代步器	8万元/部	8万元/部	
16	（七）配电设施、供热管线、燃气管线、给排水管网		执行《北京市人民政府办公厅关于印发〈加快推进自备井置换和老旧小区内部供水管网改造工作方案〉的通知》（京政办发〔2017〕31号）、《北京市老旧居民小区配网改造工作方案（2018—2022）》（京发改〔2018〕2952号）等规定		

北京市老旧小区配套专业管线统筹改造资金支持政策一览表　　　　表3-5

支持内容	支持界面	支持政策
一、供水管线改造	（一）小区红线外供水管线改造	在中心城区，由市自来水集团承担的市属管网改造工程，工程投资的50%由市政府固定资产投资安排解决，其余50%由市自来水集团自筹，拆迁资金由市政府固定资产投资、区政府各承担50%；在城市副中心，工程投资的50%由市政府固定资产投资安排解决，其余50%由市自来水集团自筹，拆迁资金由通州区政府全额解决；在城市发展新区、生态涵养区的城镇地区，工程投资的70%、90%由市政府固定资产投资安排解决，其余部分和拆迁资金由所在区政府承担
	（二）小区红线内供水管线改造	在中心城区和城市副中心，工程投资的50%由市政府固定资产投资安排解决，其余50%由市自来水集团自筹，在城市发展新区、生态涵养区的城镇地区，工程投资由产权单位自筹，对于无产权单位的，工程投资全部由所在区政府承担
二、排水管线改造	（一）小区红线外排水管线改造	在属地区政府明确管线运维责任主体和运维管理机制的基础上，中心城区的雨污水管线工程投资和50%的拆迁资金由市政府固定资产投资安排解决，其余50%的拆迁资金由所在区政府承担；城市副中心的雨污水管线工程投资由市政府固定资产投资安排解决，拆迁资金由通州区政府承担，乡镇地区的雨污水管线工程投资的90%由市政府固定资产投资安排解决，工程投资的其余10%及拆迁资金由通州区政府解决；城市发展新区、生态涵养区的城镇地区雨污水管线工程投资的70%、90%由市政府固定资产投资安排解决，其余部分和拆迁资金由所在区政府承担
	（二）小区红线内排水管线改造	在属地区政府明确管线运维责任主体和运维管理机制的基础上，工程投资的30%由市政府固定资产投资安排解决，其余部分由产权单位自筹；对于无产权单位的，其余部分由所在区政府承担
三、供电管线改造	（一）分界点以上高压侧配电设施	原则上以楼前派接箱为分界点。对于有责任主体小区，市政府固定资产投资、区政府、国网北京市电力公司、责任主体按照工程投资20%、20%、30%、30%的比例分摊；对于无责任主体小区，市政府固定资产投资、区政府和国网北京市电力公司按照工程投资30%、35%、35%的比例分摊
	（二）分界点以下低压侧配电设施	对于有责任主体小区，市政府固定资产投资、区政府、责任主体按照工程投资30%、35%、35%的比例分摊；对于无责任主体小区，市政府固定资产投资、区政府按照工程投资30%、70%的比例分摊
四、燃气管线改造	（一）已通燃气管线改造	有产权单位的，改造资金由各管线产权单位自筹；无产权单位的，改造资金全部由所在区政府承担
	（二）未通燃气管线但具备接通条件的燃气管线建设	小区红线外管线建设，按服务范围由供气单位或企业自筹资金；小区红线内管线工程投资由市政府固定资产投资、区政府按60%、40%的比例分摊，拆迁费用全部由所在区政府承担，用户表后个性化需求管线及灶具等设施费用由用户负担

续表

支持内容	支持界面	支持政策
五、供热管线改造	（一）市热力集团城市热网供热小区	对供热设施权属不清或原产权单位无力出资改造的城市热网改造项目，按工程投资的50%由市政府固定资产投资安排解决，其余资金由市热力集团自筹，改造后由市热力集团统一管理；供热设施权属单位为市热力集团的，由其自行组织改造
	（二）其他	其他集中供热小区供热管线热源设施（指锅炉、换热器）权属关系清楚的改造项目可纳入支持范围，权属不清的改造项目须理清楚关系或签订长期供热运行合同后（合同剩余期限10年以上）可纳入支持改造范围，市政府固定资产投资按照工程投资30%给予资金补助，区政府安排20%的资金补助，其余资金由供热设施权属单位或供热管理单位承担

（3）其他

财政、发展改革委负担费用外的改造项目资金由责任企业和相关受益业主负担。

2. 危旧楼房改建项目投融资模式

北京市危旧楼房改建项目融资主要采用"成本共担"模式，多渠道筹集资金。

1）成本共担

改建资金由政府、产权单位、居民、社会机构等多主体筹集，可通过政府专项资金补助、产权单位出资、居民出资、公有住房出售归集资金、经营性配套设施出租出售等多种方式解决。

2）政府补助

改建项目纳入老旧小区综合整治范围，财政支持政策按照《关于老旧小区综合整治市区财政补助政策的函》（京财经二〔2019〕204号）执行，城六区、通州区区财政不高于市级补助单价的1.2倍，远郊区区财政不高于市级补助单价。

各区政府结合实际可安排周转房源用于对接居民，并对居民在外周转期间予以适当补助，具体标准由各区政府制定。

3）管网改造补助

改建项目涉及的基础设施改造按照《加快推进自备井置换和老旧小区内部供水管网改造工作方案》《北京市老旧居民小区配网改造工作方案（2018—2022）》等有关规定执行，改建项目楼本体内不再重复给予各专业管线补助资金。

4）居民出资

居民应分摊改建项目的部分改造成本，其中：

（1）承租公房的居民，有获取改造后房屋产权意愿的，应负担房屋改造的部分成本。其中，原面积部分，负担成本不高于综合改建成本中除政府和产权单位补助之外的不足部分；改建后新增面积部分，按照不低于综合改建成本负担，也可按照同地段、同品质普通商品住房价格70%左右负担，具体标准由区政府制定。

居民因经济困难无力负担的，可继续承租改建后的房屋。原房屋面积部分，继续按照公房租金标准收取租金；改建后新增面积部分，按照公租房租金标准收取租金，具体标准由区政府制定。

（2）原住房为已购公房或商品房的居民，应负担原住房面积部分的综合改建成本中除政府和产权单位补助之外的不足部分，改建后房屋新增面积部分的成本按照不低于综合改建成本负担，也可按照同地段、同品质普通商品住房价格70%左右负担，具体标准由区政府制定。

5) 产权单位出资

房屋产权单位应切实履行产权人责任，归集的售房资金应用于改建项目。

3. 简易楼改建项目投融资模式

简易楼项目一般由区级财政自筹解决。

对于经市、区房屋管理部门认定的简易楼开展腾退搬迁，腾退后空间用于建设绿地或基础设施、公共服务等公益性设施的项目，可按照《北京市发展和改革委员会关于印发支持首都功能核心区利用简易楼腾退建设绿地或公益性设施实施办法的通知》（京发改规〔2021〕7号），申请市发展改革委给予总投资50%的市政府固定资产投资补助。

4. 老旧平房院落更新项目投融资模式

老旧平房院落更新资金来源为政府补助和企业自筹。

起初，北京市对于老旧平房院落更新项目，资金补助政策主要参照《首都功能核心区基础设施建设和环境改造提升实施方案》，市政府固定资产投资对核心区资金严重不平衡的棚户区改造和老城风貌保护项目可安排不高于总投资20%的补助。目前，北京市老旧平房院落更新主要以申请式退租为主，按照《关于支持核心区共生院等有关工作的请示》《关于首都功能核心区平房（院落）保护性修缮和恢复性修建工作的意见》，参考核心区共生院、平房直管公房、简易楼等房屋腾退成本，市财政按照实际腾退建筑面积，以5万元/平方米定额标准对核心区进行补助，核心区可统筹用于共生院、平房直管公房和简易楼的腾退、改造、修缮等相关工作。但已享受其他市财政资金支持的，不重复享受政策。东西城区政府按照2万元/平方米标准予以资金补助。对涉及中轴线申遗的核心区平房腾退的项目，2020年出台的《北京市关于加强中轴线申遗保护项目资金保障的意见》将市级财政补助标准提升至10万元/平方米。

第三节 实施流程和审批程序

一、老旧小区改造项目实施流程和审批程序

1.老旧小区综合整治实施流程

经过多年实践,北京市已形成了一套完整的老旧小区改造实施流程,按照《北京市老旧小区综合整治工作手册》要求,主要包括确定项目、建立长效机制、确定改造整治内容、确定改造设计和实施方案、实施改造整治工程这五步实施流程。

1)确定项目

按照自下而上的原则,采取基层组织、居民申请、社会参与、政府支持的方式逐级申请;中央国家机关的项目由中共中央直属机关事务管理局、国家机关事务管理局核定,北京市的项目由市联席会议审议确定。

2)建立长效机制

以业主自治为主,以建立物业管理长效机制为整治前提,开展综合整治工作。

3)确定改造整治内容

完善决策议事协调机制,发挥党建引领作用,根据居民意愿诉求,确定改造整治内容和物业管理方案。

4)确定改造设计和实施方案

统筹整合各类资源,广泛征求民意,确定改造整治设计方案和实施方案。

5)实施改造整治工程

搭建改造议事平台,坚持先治理再改造,加强管线改造统筹和质量安全管理,及时有效开展物业服务。

此外,针对不同的改造内容,也有着具体实施流程,比如北京市老旧小区综合整治市政专业管线改造工作流程主要包括项目前期、工程实施、运维服务三大部分。

2.老旧小区市政专业管线改造工作流程

1）项目前期

（1）确定改造计划。由区牵头部门会同实施主体组织各行业管理部门和专业公司对老旧小区专业管线进行情况摸排，明确改造计划，作为老旧小区综合整治重要内容纳入老旧小区综合整治项目储备库。

（2）确定年度实施任务。各区向市老旧小区综合整治联席会申报综合整治项目时应包括各市政专业管线改造计划（含资金筹措计划）。市老旧小区综合整治联席会审议各区上报项目时，同时对老旧小区综合整治内容（含专业管线改造计划）进行审议，经联席会议审议后下达落实。

（3）明确实施主体。老旧小区综合整治市政专业管线改造实施主体由各区政府确定。区发展改革委根据市老旧小区综合整治联席会确认的项目文件先行核准该项目的勘察、设计招标方案。实施主体组织开展勘察、设计招标工作，会同各专业管线公司、产权单位等统筹推进改造实施。

（4）统一编制方案。实施主体会同各专业公司、相关部门以小区为单位统一编制市政专业管线改造项目的规划设计方案、达到初步设计及概算深度的各专业管线打捆实施方案和施工组织设计方案。鼓励和支持实施主体采用多种形式的全过程工程咨询管理模式开展专业管线改造工作。

（5）报审规划设计方案。涉及老旧小区建筑红线至红线外市政专业管线接入点间管线改造项目，由实施主体将规划设计方案报送至区规划自然资源委审议。

（6）报审实施方案。实施主体向区发展改革委申报市政专业管线改造项目打捆实施方案，区发展改革委批复专业管线改造项目实施方案。

（7）资金申请。实施主体会同各专业公司编制市政专业管线改造项目的资金申请报告，经区发展改革委初审后，报送市发展改革委。市发展改革委按照现行各专业管线资金支持政策，统一批复资金申请报告。

2）工程实施

（1）组织工程实施。实施主体组织各专业公司按产权分界点同步开展各专业管线改造施工（含设备材料）招标，确定施工单位。实施主体开展项目监理招标，确定监理单位，实现工程统一监理。工程实施过程中，市区两级政府组织相关单位根据工程进度适时拨付资金。

（2）开展联合验收。实施主体组织各专业公司、街道乡镇按照相关标准对项目进行联合验收。验收合格后，街道乡镇应留存市政专业管线改造相关资料。

3）运维服务

实现专业化管理服务到"最后一公里"。市政专业管线改造后，供气和供热管线实现入楼入户，专业公司管理服务全覆盖；供水、排水、供电管线管理服务到达楼门前，由物业公司或房屋管理单位负责产权分界点到用户段的运维管理和更新改造。

市政专业管线管理产权分界点为供水管线专业化管理服务延伸至楼门表或二次供水泵房总计费水表；雨水管线专业化管理服务延伸至小区内部公共道路内的雨水设施（不含雨水调蓄设施）；污水管线专业化管理服务延伸至小区化粪池（不含化粪池）；供电管线专业化管理服务延伸至楼门派接箱；供气管线专业化管理服务延伸至户内计量气表；供热管线专业化管理服务延伸至楼内公共立管。

3. 老旧小区加装电梯、补充配套设施等改造工作流程

针对老旧小区内老旧住宅楼加装电梯、利用现状房屋和小区公共空间补充社区综合服务设施或其他配套设施、增加停车设施等更新改造项目，具体实施流程主要包括确定主体、编制方案、征求意见、手续办理等。

1）确定主体

老旧住宅楼加装电梯的实施主体可以是房屋产权单位，也可以是业主委员会（物业管理委员会）等业主自治组织委托的房改售房单位、物业服务企业、电梯生产安装企业或社会投资企业；利用现状房屋和小区公共空间补充社区综合服务设施或其他配套设施，以及增加停车设施的实施主体可由业主委员会（物业管理委员会）等业主自治组织直接委托，也可在属地政府组织下通过公开方式确定。鼓励具有规划设计、改造施工、物业管理和后期运营能力的企业作为项目投资和实施主体。

2）编制方案

实施主体会同街道办事处（乡镇政府）、责任规划师，按照《北京市人民政府关于印发〈北京市居住公共服务设施配置指标〉和〈北京市居住公共服务设施配置指标实施意见〉的通知》（京政发〔2015〕7号）相关要求，对小区配套指标进行核算，根据小区实际情况和居民需求编制实施方案。利用现状房屋和小区公共空间补充社区综合服务设施或其他配套设施的，须明确各类房屋的使用功能。

3）征求意见

街道办事处（乡镇政府）组织对老旧小区更新改造项目清单、引入社会资本涉及收费的加装电梯、增设停车设施等内容，以及物业服务标准、物业服务费用等征

求居民意见，形成最终改造整治实施方案。居民同意物业服务标准及付费项目内容并签订相关协议后，相关内容方可实施。

4）手续办理

不增加建筑规模的，可不办理规划手续；涉及增层、增加建筑规模，属于低风险工程建设项目的，按照本市低风险工程建设项目审批相关规定执行。

对利用现状房屋和小区公共空间补充社区综合服务设施或其他配套设施，涉及临时改变建筑使用功能的，由区规划自然资源部门结合实施主体提供的配套指标核算情况、实施方案、更新改造项目清单和街道（乡镇）、居民意见，出具临时许可意见。需办理施工、消防等手续的，实施主体持临时许可意见办理。

二、危旧楼房改建项目实施流程和审批程序

危旧楼房改建项目实施流程主要包括确定项目、明确实施主体、开展摸底调查、设计方案和实施方案编制、方案公示、签订改建协议等工作。

（1）区政府结合本区实际情况确定试点项目，明确实施主体，制定本区危旧楼房改建计划，统一报市老旧小区综合整治联席会办公室，经联审会审定后纳入年度老旧小区综合整治计划，并动态调整。

（2）区政府及项目所在街道（乡镇）组织开展摸底调查，征询居民意向，实施主体向区规划自然资源部门了解地区规划情况，并委托专业设计单位进行改建项目方案设计。

（3）设计方案应按居民参与程序进行公示征询居民意见，区规划自然资源部门指导实施主体对设计方案进行技术审核，实施主体根据各方认可的设计方案编制改建实施方案并报市老旧小区综合整治联席会办公室。

（4）公示规划设计方案、改建实施方案，征询居民意见后，须将根据居民意见修改后的方案再次公布。

改建意向征询、方案征询须经不低于总户数三分之二的居民同意，方可开展下步工作。

（5）实施主体与居民签订改建协议，改建项目范围内不低于90%的居民同意签订改建协议后，协议方可生效，协议生效后启动居民周转搬迁。未达到签约比例的，改建项目自动终止。

（6）区发展改革、规划自然资源、住建部门优化简化审批程序，根据本区改建

项目的建设程序办理立项、建设工程规划许可、施工、竣工备案、不动产登记等必要手续。

按照《北京市规划和自然资源委员会等部门关于印发〈关于完善简易低风险工程建设项目审批服务的意见〉的通知》(京规自发〔2019〕439号)要求,符合条件的危旧楼房改建项目可参照简易低风险项目办理审批手续。具体条件为地上建筑面积不大于10000平方米,建筑高度不大于24米,功能单一、技术要求简单的社会投资新建、改扩建项目及内部装修项目(地下空间开发项目和特殊建设工程除外)。

三、简易楼改建项目实施流程和审批程序

已纳入征收范围、旧城人口疏解范围和危改区域内的简易住宅楼改造,由原实施主体实施,具体改造流程按照国家和本市有关规定执行。

其余简易住宅楼,由属地区人民政府与产权单位协商确定有相应开发资质的市、区属国有企业作为实施主体。具体改造流程和关键事项可以参照以下程序执行。

(1)各相关区结合辖区实际,按照一事一议、一楼一策的原则,制定简易住宅楼改造计划,明确简易住宅楼的改造及安置方案、资金平衡方案、安置房产权性质、剩余住宅性质及分配方式、年度改造计划及总体完成时间等,并报市老旧小区综合整治办,由市老旧小区综合整治办进行逐一核准,并按楼栋下发核准文件。

(2)改造工程的实施主体办理立项文件时,应当提供市老旧小区综合整治办出具的确认意见,产权单位上级主管部门的确认意见,有效的规划、国土、环保等部门的批准文件等。

(3)简易住宅楼占用土地的土地使用权或房屋产权不明晰的,由属地区政府会同相关部门对现有土地使用权或房屋产权进行认定后,再实施改造。

(4)简易住宅楼改造涉及的立项、土地使用、规划、施工许可等审批手续,均由属地区相关行政部门办理。区发展改革、规划、国土、住房城乡建设等行政主管部门,要加快审批速度,参照绿通建设项目标准办理审批手续。

(5)简易住宅楼改造工程应当严格按照国家和本市的有关规定进行招标投标,工程设计、施工、监理必须由具有相应资质的单位承担。施工、监理单位的招标时限参照相关规定执行。

(6)简易住宅楼改造后房屋的产权登记,按照本市相关规定执行。

四、老旧平房院落更新项目实施流程和审批流程

北京市老旧平房院落更新以申请式退租为主,实施流程主要如下:

1.组织实施

(1)确定主体。保护性修缮及恢复性修建项目的实施主体由区政府确定。实施主体可为产权清晰的产权单位、片区房屋经营管理单位,也可直接委托或通过公开竞争方式选择资金实力强、信用等级高的社会单位。涉及财政资金的,按照相关规定依法依规确定实施主体。

(2)编制方案及征求意见。区政府组织实施主体进行意向摸底调查,编制实施方案,征求相关权利人、责任规划师及居民意见。实施方案包括范围、主要内容、资金筹措方式、安置方式、居民参与决策程序、工程周期等。

(3)审批程序。相关审批手续原则上由区级行政主管部门办理,区政府可参照优化营商环境政策要求,进一步优化审批程序,简化审批前置要件,压缩审批时间。

2.手续办理

1)列入政府年度修缮计划的直管公房或区政府确定的保护性修缮项目涉及翻建的,实施主体可凭区政府授权等相关文件、房屋租赁合同及其他现存文件(作为土地、房屋权属文件)办理审批手续。

2)恢复性修建项目按以下流程办理:

(1)区政府结合本区实际情况划定实施范围,制定实施计划,明确实施主体及实施方案编制要求。

(2)项目所在街道组织开展摸底调查,征询居民意向;实施主体向区规划自然资源部门了解地区规划情况,编制实施方案进行公示并征求相关权利人、责任规划师及居民意见。

(3)区住房城乡建设部门会同区规划自然资源部门,组织专家对实施方案进行审查,审查通过后纳入"多规合一"平台研究,报区政府审定后组织实施。

(4)实施主体持区政府授权文件(作为土地权属文件)办理建设工程规划许可证。

(5)实施主体取得建设工程规划许可证后申请办理建筑工程施工许可证。

(6)建设工程竣工后,实施主体向区住房城乡建设部门申请竣工联合验收。

（7）验收合格的，完成测绘成果审核后，由区规划自然资源部门办理不动产登记。

（8）经区政府同意纳入试点范围的项目，可采取先行建设，根据竣工情况完善手续的方式推进，具体流程由区政府制定。

3）在区政府确定的片区范围内，私房产权人自愿参与保护性修缮及恢复性修建的，可纳入实施方案整体研究，由实施主体指导协助私房产权人按相应程序办理审批手续，建设完成后按规定办理不动产登记。私房原翻原建按照本市低风险工程建设项目审批相关规定执行。

4）翻建、改建项目如涉及文物保护单位保护范围及建设控制地带的，须按文物法律法规的规定履行报批手续。

5）在历史文化街区、成片传统平房区及特色地区范围内进行新建、改建、扩建等活动，须符合《北京历史文化名城保护条例》相关规定。

3.经营利用

实施主体可对完成保护性修缮或恢复性修建的房屋（院落）合理开展经营利用和管理。腾退空间再利用应符合《北京城市总体规划（2016年—2035年）》《首都功能核心区控制性详细规划（街区层面）（2018年—2035年）》《北京市新增产业的禁止和限制目录》《建设项目规划使用性质正面和负面清单》，优先用于保障中央政务功能、服务中央单位、完善地区公共服务设施、补齐地区配套短板、改善留住居民的居住条件，还可用于传统文化传承展示、体验及特色服务，创办众创空间或发展租赁住房。

实施主体为直管公房产权单位或经营管理单位的，直接取得房屋经营权；实施主体为直接委托或通过公开竞争方式确定的，区政府可将房屋经营权授权给实施主体，由产权单位或经营管理单位与实施主体签订经营权授权协议，一次性授权年限应不高于50年。

4.规划土地政策

（1）具备条件的房屋或院落，依据保护规划及相关导则，经批准可适当利用地下空间。

（2）实施主体以腾退为目的回购老城房屋，办理不动产登记及土地有偿使用手续的，按照《关于疏解腾退老城房屋办理不动产登记及土地有偿使用的工作意见》（京规自函〔2019〕1315号）执行。

第四节　典型案例实践

一、老旧小区改造项目典型案例

2021年北京市老旧小区改造开工301个，完工177个。2022年新开工330个，完工205个，持续推广"劲松模式""首开经验"，引入社会资本参与的试点项目增加到41个，15个已完工项目运营效果良好。2023年市属老旧小区改造完成新开工355个、完工183个，民意调查满意度达95%；老楼加装电梯新开工1099部、完工822部，完工量创历史新高；央产老旧小区改造进一步破题，中央和国家机关本级项目已近收尾，央企第一批70个项目进入实施阶段。

老旧小区改造项目，以劲松一、二区综合整治项目为例（表3-6）。

劲松一、二区综合整治项目　　　　　　表3-6

项目名称	劲松一、二区综合整治项目
实施主体	北京愿景明德管理咨询有限公司
相关单位（政府部门）	北京市朝阳区人民政府劲松街道办事处
运营单位	北京愿景明德管理咨询有限公司
实施模式	引入市场主体，负责投资、设计、建设、运营
实施内容	改造楼本体和室外工程＋提升社区运营服务
资金来源	市级财政＋区级财政＋专业公司＋愿景公司
收入来源	出租收入＋物业费收入＋停车收入＋多种经营收入＋政府补贴
典型经验/启示	充分发挥党建引领作用；建立多方联动的高效工作机制；引入社会资本参与综合整治服务；打破环节壁垒构建长效治理机制

1. 基本情况

劲松一、二区隶属朝阳区劲松街道劲松北社区，位于东二环光明桥和东三环劲松桥之间，南邻劲松路，北邻垂杨柳南里小区，总占地面积0.26平方公里（图3-1）。

社区始建于20世纪70年代，房屋除部分为单位自管房外，其余由朝阳区房管局按直管公房管理。社区绿地总面积约20000平方米，居民楼43栋，辖区总户数3605户，建筑面积19.4万平方米，常住人口9494人，60岁以上老人占常住人口36%，老年住户比率39.6%，老年住户中独居老人比率52%。

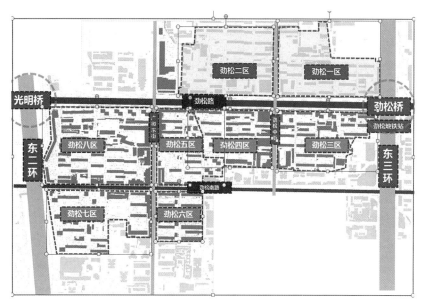

图 3-1 劲松一、二区位置示意图

作为建成超过 40 年的小区,劲松一、二区存在基础设施、配套服务等多方面的问题,主要体现在:一是,基础设施不健全,功能亟待完善。小区道路、绿化老化缺损,存在安全隐患;车位不足,停车不规范;多层建筑物无电梯,缺少无障碍设施;水电气暖管线老化,夏季雨水倒灌地下室等。二是,配套服务不足,生活便利性差。大部分门禁设备损坏;流动人群缺乏管理;便民服务设施不足;缺乏老年关怀,原有设施无法满足老年人日常生活的安全性和服务性需求。

2. 劲松一、二区综合整治内容

劲松一、二区综合整治项目整治内容包括基础类和自选类两大类。

(1)基础类。主要包括楼内上下水改造(消防、饮用水分开改造)、室外空调规整、楼体外面线缆规整、绿化补建、修补破损道路、完善公共照明、更补信报箱、无障碍设施和适老性改造、增设再生资源收集站点、完善垃圾分类投放收集站;架空线入地及规范梳理;供热管线改造、燃气管线改造;给水排水管网改造;配电设施改造等。

(2)自选类。主要包括多层住宅楼增设电梯、完善小区信息基础设施和技术装备、增设社区综合服务设施、墙面美化等。

基础类是必须改造整治的内容,资金主要由市、区两级财政负担;自选类是在已实施基础类改造的前提下,根据居民意愿确定的改造内容,吸引社会资本参与改造。

3. 项目投融资

1）资金来源

项目资金来源为市级财政＋区级财政＋专业公司＋社会资本。劲松街道和愿景明德管理咨询有限公司（以下简称"愿景集团"）联合践行的"劲松模式"，率先落地了具有社会力量参与的老旧小区改造市场化机制。对于政府老旧小区综合整治菜单中基础类项目，由街道按程序申请市、区两级财政资金进行改造，此外的自选类项目以及其他提升经费由愿景集团自有资金投入。为促进企业盈利、政府省力、居民受益，劲松街道、朝阳区房管局授权愿景集团通过"居民双过半投票"的形式实现愿景物业服务的引入，并对社区闲置低效空间进行改造提升，引入居民所需的便民服务业态（表3-7）。

资金支持政策清单　　　　表3-7

序号	政策名称	主要支持内容	资金出资方式
1	《关于印发朝阳区老旧小区综合整治资金补助政策的通知》《北京市财政局 北京市住房和城乡建设委员会 北京市发展和改革委员会 北京市城乡管理委员会关于老旧小区综合整治市财政补助政策的函》	楼内上下水改造、绿化补建、路灯架空线入地等	市、区财政资金按1:1.2比例予以支持（市级财政资金定额补助，超出部分由区级财政兜底）
2	《北京市老旧居民小区配网改造工作（2018—2022）三年行动计划》	老旧小区配电设施内线及外线改造	内线部分，由市、区财政资金按3:7比例予以支持，外线部分由供电局负责投资
3	《关于2016—2018年老旧供热管网改造工作的通知》	老旧小区供热管网	资金出资比例为：专业公司（如市热力集团）50%，市级财政30%，区级财政20%
4	《关于印发朝阳区促进生活性服务业发展引导资金管理办法的通知》	社区菜市场，菜店及早餐店等	根据投资额给予补贴
5	《关于鼓励老旧居住区挖潜建设立体停车设施的意见》	立体停车位	对新增加的立体停车位补助5000元/个

2）资金平衡

愿景物业在劲松北社区以北京市住宅物业一级标准进行物业服务，后续的回报主要来源于对社区进行持续的服务与运营：一是，通过"先尝后买"形式，用踏实的、贴心的服务不断培养居民支付物业费的意识，计划前三年收缴率逐步由30%、50%提升到80%，物业费收入约占总收入的35%；二是，便民服务业态的持续运营，将社区多处消极空间改造提升后引入智慧化充电自行车棚、社区便民理发、社区缝补铺等便民服务功能进行运营，每年收入约占总收入的35%；三是，停车管理收入，社区累计规划670个停车位，全年管理收入约占总收入的22%；四是，包括物业上门家政维修、社区养老服务、电梯运营等综合收入；此外，由于劲松社区居民此前并未有支付物业费习惯，劲松街道设定前三年为过渡期，每年给予愿景物业过渡期补贴。

基于以上的运营模式，愿景集团可在合理的回收期内回收投资，并实现一定收益。随着"劲松模式"在劲松一～八区乃至更大范围的逐步推广，物业及便民服务的管理效率将获得一定提升空间，物业运营管理成本将会降低，形成老旧小区改造的可持续良性运转。同时，若项目逐步实现稳定现金流，可通过金融机构投资等方式，形成老旧小区有机更新长效发展的投融资机制。

4. 创新经验

1）充分发挥党建引领作用

劲松街道工委充分发挥基层党组织在老旧小区改造过程中的领导核心作用，强化各阶段中基层党组织的主导、引导、指导、督导、倡导和领导作用，形成"党建引领多元共治、民意导向有机更新"的工作机制。

一是，党组织推动落实。强化基层党建，街道工委推进党建工作平台建设，以社区党委为统领，带领所辖居民党支部，融合吸纳物业公司党支部、房管所党支部、改造项目临时党支部等相关基层党组织组成的"党建共同体"，以组织联建、工作联合、党员联动为主要工作方式，为推动项目实施提供了坚实的组织保障。

二是，充分发挥党员骨干作用。社区党委采取"党员+社工"的宣传志愿者方式分组入户，党员骨干和社区工作人员逐门逐户进行物业授权，宣讲小区物业化管理后的便捷，缓解改造施工给群众造成的情绪波动，为工程顺利实施做好了思想准备。小区改造工程进入施工改造实施阶段后，"党建共同体"成员单位的党员代表主动转变角色，从议事变成监督，第一时间发现问题、第一时间反馈进度，推动工程质量和居民满意度有效提升。

2）建立多方联动的高效工作机制

老旧小区综合整治是一项复杂的系统性工程，关系老百姓的切身利益和感受，还涉及政府多个部门的协调和配合，需要一个高效的工作机制进行支撑。在这方面，"劲松模式"探索出"区级统筹，街乡主导，社区协调，居民议事，企业运作"的五方联动工作机制，充分发挥各方的优势和积极性，取得显著效果。

一是，街道主动吹哨。街道积极开展区域内老旧小区管理调查，了解小区运行状况，搜集突出问题，征求居民意见，开展可行性研究，最终确定劲松一、二区具备综合改造条件，并以街道工委名义向区委区政府上报初步意向方案，争取区级相关部门支持。

二是，区级联动响应。接到"哨声"，区委立即响应，成立以副区长挂帅，相关委办局和街道办事处参加的老旧小区更新提升工作专班，工作专班负责把握试点社区综合整治的方向节奏、解决瓶颈问题、抓好督促落实。同时，街道工委对应区委成立试点社区工作推动小组，将区委办局、街道办事处、社区居委会、居民和社会机构，五方主体汇集在一个平台上，涉及"民呼我应、吹哨报到、利益协调、组织实施、服务监督"等关键环节在一个平台上衔接流转，搭建起高效的全流程管理平台。

3) 引入社会资本参与综合整治服务

长期以来，北京市老旧小区综合整治一直采取政府投资和兜底的模式，在治理效果和效率方面存在诸多问题。"劲松模式"的一个重要特点是引入社会资本参与老旧小区综合整治，借助专业团队的管理力量，在提升老旧小区综合整治和管理水平上取得显著效果，为本市老旧小区综合整治探索出一条新的路径。

一是，重点引入社会资本先进的社区治理能力和经验。"劲松模式"中，虽然社会资本愿景集团也参与了部分改造项目的投资，但主要还是由政府负责投资。因此，引入社会资本更多的还是为了构建社区长效治理机制，社会资本以专业化的视野，将社区前期改造方案与后期运营方案有效衔接，保持整治效果的长期性和稳定性。

二是，鼓励社会资本商业创新，因地制宜对小区低效使用资源进行改造利用。老旧小区在建设时，普遍建有一部分社区配套用房，零星分布在楼前屋后，面积大小不一，有的被作为自行车棚、锅炉房、小仓库，有的处于闲置状态，利用效率较低。"劲松模式"中，政府支持社会资本对小区低效利用资源重新改造，引入养老、便民服务等业态，在方便小区居民生活、提高公共服务供给能力的同时，实现了社会资本创收，为长期可持续经营奠定坚实基础。

三是，发挥社会资本灵活性，精准定位居民需求。为满足老旧小区居民多样化需求，综合整治方案需要经过多轮修改和调整，在传统模式下，政府需要根据改造方案制定预算，一旦确定，后期难以进行调整。"劲松模式"下，社会资本投资的灵活性在方案设计过程中得到体现。在社区党委的组织下，社会资本通过问卷调查、现场座谈、评审会等形式，了解居民对社区现状不满意的问题以及对便民服务的迫切需求。根据需求，合理设计和使用社区公共服务资源，按照"五性"要求优化功能设置,满足百姓服务需求,将老旧小区综合整治最大限度地向居民回归,作为回应民意、汇集民智、凝聚民心的有机载体。

四是,为社会资本提供适度的资金扶持。老旧小区建立有效的物业管理和收费模式需要一段培育时间,为减轻社会资本在经营初期的压力,支持其开展长期经营,在"劲松模式"中,街道办设置为期3年的物业扶持期,按照143万元/年的标准,支持社会资本开展"先尝后买"物业管理模式创新,引导和培养小区居民养成物业缴费习惯。

4)打破环节壁垒构建长效治理机制

在以往的模式中,前期整治与后期管理相脱节,而且主要依托国有企业进行物业托底管理,管理水平不高,影响综合整治的整体效果。"劲松模式"依托社会资本专业力量,通过整体统筹谋划,打通投资建设、规划改造、运营管理、物业服务等各环节的衔接壁垒,构建以全维度提升和精细化服务为核心的长效社区治理机制。

一是,开展全维度整治提升。通过整体设计,形成兼顾功能提升、环境整治、空间打造、文化塑造、服务完善等目标的规划"总图";坚持"一张蓝图管到底",在产品设计、施工、管理、运营、物业服务中充分体现精细、精致、精品,从而实现对劲松一、二区的全面高品质的改造提升。

二是,营造精细化社区服务。一方面,实施物业服务清单式管理,为社区居民提供环境保洁、绿化养护、停车管理、垃圾分类等迫切基础服务,做到事项清、标准清、责任清,保证物业真正为居民服务;另一方面,积极拓展社区量身定做增值服务,促进延伸出家电更新、居家养老、智能家居、上门服务等多种消费业态,促进消费潜力的提升。

二、危旧楼房改建项目典型案例

危旧楼房改建项目:以北京市朝阳区劲松一区114号楼拆除重建项目为例(表3-8)。

1. 基本情况

劲松114号楼位于朝阳区劲松街道劲松一区,东邻东三环,北邻垂杨柳医院,小区建于1978年,为6层住宅单体建筑,框架轻板实验楼,西侧、南侧、东侧均有其他住宅楼相邻。114号楼共有4个单元,66户居民,总建筑面积约3988.78

劲松一区114号楼拆除重建项目　　　　　　　　　表3-8

项目名称	劲松一区114号楼拆除重建项目
统筹实施主体	北京市朝阳区人民政府劲松街道办事处
实施主体	北京市第五建筑工程集团有限公司
相关单位（政府部门）	区发改委、区住建委、区园林局、区水务局、区人防办等
运营单位	北京愿景华城复兴管理咨询有限公司与北京诚智慧中物业管理有限公司
实施模式	拆除重建，社会投资参与，物业专业管理
实施内容	拆除现状建筑，重建更加安全、便利的居住环境
资金来源	政府补贴、社会投资、居民出资、产权单位承担
收入来源	便民配套空间长效运营预期收入
典型经验/启示	通过社会资本参与和专业物业管理，提升居民生活质量和社区品质

平方米，单层建筑面积664.80平方米，产权单位为北京市第五建筑工程集团有限公司（以下简称"五建"）。在全部66户居民中，涉及产权居民63户（已经房改购房），承租五建公租房3户，但不存在合居现象。老龄化（60岁以上）比率达39%，并有27%（17户）的出租户在住。

114号楼为框架轻板实验楼，目前此类楼宇进行抗震加固缺失相应指导规范，且不具备技术实施可能。楼体已多处破损，楼道墙皮开裂、剥落，居民室内楼宇漏水严重，依据现行《房屋结构综合安全性鉴定标准》DB11/637—2015进行评定，该住宅楼安全性鉴定等级为Dsu级；抗震能力鉴定等级为Dse级；综合安全性鉴定等级为Deu级。依据《危险房屋鉴定标准》JGJ125—2016进行综合评定，该住宅楼危险性等级为D级，严重影响整体承载，构成整栋危房。因此该楼继续使用存在巨大的安全隐患，为此次选择拆除重建方式改造试点项目的主要原因（图3-2）。

2. 项目建设内容

114号楼主体建筑轮廓未改变，拆除重建采取内置电梯平层入户的方式。根据《关于开展危旧楼房改建试点工作的意见》（京建发〔2020〕178号）文件精神"不减少居民房屋居住总面积，可适当增加居民厨房、卫浴面积，重点解决建筑使用功能提升的问题"；根据国家标准《住宅设计规范》GB 50096—2011的规定，三件卫生设备集中配置的卫生间，使用面积不小于2.50平方米。由卧室、起居室（厅）、厨房和卫生间等组成的住宅套型的厨房使用面积，不应小于4平方米。

新方案北墙相较于原居民房本（总面积3988.78平方米）建筑轮廓线向北移

图 3-2 项目实施前后对比图

0.8 米。新方案地上总面积：4403.7 平方米，地下室面积：733.95 平方米。地上增加建筑面积：414.92 平方米，其中公摊面积增加 312.3 平方米，套内增加面积：102.62 平方米。

原址拆除重建后 114 号楼地上共 6 层，共 4403.7 平方米，结构形式为现浇混凝土结构；地下共 1 层，共 733.95 平方米，结构形式为框架结构。将住宅设置在一至六层，新增加地下一层为公共配套服务用房，含物业管理用房、文化活动场站等。地上地下总面积 5137.65 平方米。

现状建筑一层不满足大寒日两小时日照要求。改造后一层住宅满足大寒日两小时日照要求，同时不影响北侧医院日照需求（现状医院一至四层为医技功能，四层以上为住院楼）。

3. 项目投融资

劲松 114 号楼拆除重建项目资金来源包括市区财政补贴、愿景集团投资、产权单位五建出资以及居民出资。

其中，市财政按照 2630 元/平方米定额补助，区财政负担改造资金按照市级补助单价的 1.2 倍配套。

居民出资包括原面积部分的综合改建成本（除政府和产权单位补助之外的不足部分）以及新增面积部分综合改建成本，厨房、卫生间增加的面积按照综合单价计算，其他面积按照同地段、同品质普通商品住房价格 70% 负担。114 号楼设计方案各户型面积增加的均为厨卫和公摊，卧室与客厅没有增加，因此增加部分均按照综合单价计算。

4. 项目实施

1）实施模式

组织实施主体为北京市朝阳区人民政府劲松街道办事处。街道办事处作为组织实施主体负责老旧小区改造项目的立项；负责委托建设实施主体；负责项目实施方案的制定与报批；负责相关政策的落实以及相关单位的沟通协调；负责建设实施进度的把控；负责资金的监督管理与拨付；确保项目高效率、高质量完成。

建设实施主体为北京市第五建筑工程集团有限公司。五建集团作为建设单位，组织开展114号楼现状评估、设计方案、完成规划审批及立项等前期手续；组织建设施工、监督管理、权籍登记等工作；加强对工程质量、安全、进度、文明施工的监督、管理和验收，确保工程质量合格、群众满意；负责与项目有关的设计、施工、监理、地基勘察等参建单位的招标与合同签订。确保依法依规选用合格参建单位。

劲松114号楼拆除重建项目引进社会投资主体北京愿景华城复兴管理咨询有限公司。社会投资主体通过对增加的便民配套空间长效运营预期，测算出相应投资额并进行投入，弥补项目资金缺口，并与劲松街道签订便民空间使用专项协议，在劲松街道监督下进行便民经营活动，补齐区域配套短板。

项目竣工验收后由社会投资主体的关联物业公司北京诚智慧中物业管理有限公司对114号楼进行物业接管，提供包括不限于绿化、保洁、停车管理、秩序维护等服务内容，实现品质提升的专业化物业。业主按照规定缴纳住宅专项维修资金和物业服务管理费。

2）实施流程

项目的拆除重建大致可以分为四个阶段：第一阶段，项目前期手续办理；第二阶段，群众组织工作；第三阶段，项目建设施工；第四阶段，产权登记及物业管理。

（1）第一阶段，项目前期手续办理：项目前期手续办理涉及多个阶段和部门的协调与审批，包括规划审批、发改委立项、"多审合一"审图手续、项目招标及备案，以及住建委相关程序。在规划审批中，项目需通过初审、会商阶段，并获取工程规划许可证；发改委立项审批包括项目建议书编制及评审、概算评审等；"多审合一"审图手续是在获取建设工程规划许可证后，通过在线平台提交工程图纸审查；项目招标及备案则是基于发改委批复的招标方案进行；最后，住建委负责组织绿建评审和发放建筑工程施工许可证。整个过程要求建设单位、设计单位与相关政府部门间的密切合作与信息共享，以确保项目顺利推进。

（2）第二阶段，群众组织工作：群众组织工作是该项目推进中的关键一环，群众意愿及需求也是114号楼拆除重建工作的出发点，该项目的群众组织工作强调从居民的需求出发，制定了详细的工作方案，涵盖了从居民宣传动员到协议签订、房屋周转、工程实施以及居民安置和出资方式等多个环节。主要目标是通过高标准、高质量的改造提升居住环境，实现安全、整洁、美观的居住条件，并通过不同阶段的工作确保居民的广泛参与和意见收集，包括在筹备、建设、交付过程中的多方位参与，确保居民意见得到充分考虑和反馈。项目实施期间，政府提供适当补助，同时设置了多种居民出资方式以满足不同居民的需求，旨在通过细致的群众工作和周到的居民安置策略，维护社区的和谐与社会稳定，促进居民生活品质的整体提升。

（3）第三阶段，项目建设施工：项目建设施工阶段包括前期筹备、项目部组建、旧楼拆除、重建实施、项目移交，以及工程周期安排。在前期筹备中，进行建筑测绘和结构检测，以及管线改移和树木移伐；项目部组建成立后，优先选用经验丰富的人员，并编制生产与工期管理计划；旧楼拆除阶段包括制定拆除方案、实施拆除工作，以及场地平整；重建实施阶段涉及技术管理、生产管理、质量管理、安全管理、绿色施工管理和项目收尾工作；项目移交包括移交物业管理单位的各项资料和工程建设资料，以及分户移交工作；工程周期预计为24个月，从居民搬出腾空开始，到完成竣工验收结束。

（4）第四阶段，产权登记及物业管理：产权登记分为地下新增空间产权首次登记，登记在五建名下，不发放不动产权证书；地上居民、房屋采用注记的方式办理产权登记，新增面积参照二类经适房正常注记在原不动产权证上，不再做首次登记。在物业管理方面，社会投资主体的关联物业公司北京诚智慧中物业管理有限公司接管114号楼的物业管理，提供保安、保洁、工程、绿化等服务，并根据北京市一级物业服务标准执行，确保物业服务质量。此外，物业管理还包括环境卫生、公共秩序维护、消防安全防范、绿化养护、装饰装修管理和工程综合管理等多方面的服务，以确保居民的正常生活和物业的良好运营，同时按照评估费用标准收费。

5. 项目实施成效

1）开创"四方共担"资金筹措模式

作为试点项目，在立项推进过程中，运用市场化方式统筹投资单位、建设单位、施工单位、物业管理单位力量参与全过程，做到共同决策、共同建设、共同评价、共同发展、共享成果。首次采取危旧楼房改建资金筹措由政府、产权单位、居民、社会资本"四方共担"，为后续同类项目提供有效的资金筹措路径。

2）房屋安全得到有效保障

原楼体为框架轻板结构，无法实施传统抗震加固和其他改造，导致房屋危险等级高、居住安全隐患大。通过拆除重建，楼体抗震性、安全性、耐久性和建筑承载力大幅提升，原楼体外保温层脱落和楼内设施陈旧、线路老化等问题也得到一次性解决。

3）有限空间得以合理规划

该项目紧邻东三环、地铁10号线和垂杨柳医院，原楼本体紧邻建筑红线，可腾挪空间有限。项目通过优化整体设计方案，深入研讨规划条件，在不影响周边建筑原有日照条件的前提下优化平面布局。重建后，平均每户增加建筑面积7.7平方米，用于居室合理布局；地下新增一层空间用于便民服务，给予居民更大的获得感。

4）舒适宜居得以充分实现

原114号楼多数户型无客厅，个别户型卫生间、厨房不足1平方米，楼内无电梯。重建后的114号楼每单元新增一部内置电梯和无障碍设施，联通"最后几节台阶"，解决老人和残障人士"下楼难"和"出行难"问题；所有户型均实现"有客厅化"，"小卧室大客厅"的结构更符合现代居住标准；所有窗户采用"三玻两腔"设计，既提升建筑节能效果，又满足了其临三环路的保温隔声需求；所有纱窗均采用金刚纱窗，提升使用耐久性。

5）房屋管理彻底推向市场化

通过拆除重建的契机，3户承租房在拆除前完成房改购房，66户居民产权均实现市场化，安居工程大产权的历史问题得以解决，后继房屋管理推向社会，移交至专业物业公司，实现市场化和社会化管理，能够更好地对接居民诉求、减轻政府管理负担。

6）居民观念得到正向引导

该项目实现了居民从"拆迁"到"还建"的意识改变，认可了改建成本"多方共担"的实施模式是其提升居住条件、保障自身利益的最佳选择，为后继同类项目2.0模式的推广提供了坚实的群众基础。

三、老旧平房院落更新项目典型案例

老旧平房院落更新项目，以西城区菜市口西片老城保护和城市更新项目为例（表3-9）。

西城区菜市口西片老城保护和城市更新项目　　　　　　　表3-9

项目名称	西城区菜市口西片老城保护和城市更新项目
统筹实施主体	北京金恒丰城市更新资产运营管理有限公司
实施主体	北京金恒丰城市更新资产运营管理有限公司
相关单位（政府部门）	西城区政府
运营单位	北京金恒丰城市更新资产运营管理有限公司、建信住房服务（北京）有限责任公司
实施模式	申请式退租、恢复性修建、环境整治及经营管理
实施内容	老城保护和城市更新，包括申请式退租、恢复性修建、环境整治及经营管理
资金来源	企业自筹＋区财政资金＋市固定资产投资补助
收入来源	出租收入
典型经验/启示	通过申请式退租、恢复性修建等手段，有效实现老城区的保护与更新，同时挖掘和传承属地文化，探索可持续的老城保护模式

1.基本情况

菜市口西片老城保护和城市更新项目位于西城区牛街街道，项目范围北起广安门内大街，南至法源寺后街，西起教子胡同，东至枫桦豪景小区。项目占地6.5公顷，建筑面积5万平方米，项目位于新版北京总规中的"宣西—法源寺文化精华区"之内，是宣南文化主要承载地（图3-3）。原为土地一级开发项目，2019年1月，经西城区政府批准转为老城保护和城市更新的试点项目，成为北京市首例申请式退租试点，开展申请式退租、恢复性修建、环境整治及经营管理工作。项目实施主体为北京金恒丰城市更新资产运营管理有限公司（以下简称"金恒丰公司"）。

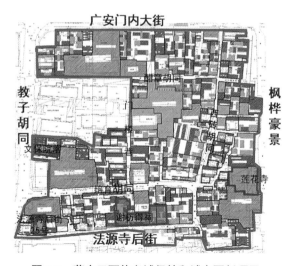

图3-3　菜市口西片老城保护和城市更新项目

2021年6月，建信住房服务（北京）有限责任公司与项目实施主体金恒丰公司签订《菜市口西片老城保护和城市更新项目房屋租赁院落合作协议书》，促成培育胡同16号"共生院"焕新为"新整院"，标志着全市首例"申请式换租"模式的落地。

2. 项目实施内容

项目范围内计划拆迁居民约1100户、单位30个，计划拆迁建筑面积约5万平方米（住宅2.2万平方、非宅2.8万平方米）。

原土地一级开发阶段拆迁居民376户、非宅5户，共完成拆迁建筑面积约1.42万平方米（住宅0.62万平方米、非宅0.8万平方米）、占总拆迁量的28%。剩余待拆迁居民728户、非宅25户未拆，涉及建筑面积3.58万平方米。

2019年启动直管公房申请式退租，退租居民279户，退租率为38%、高于工作目标18个百分点，退租面积约5848平方米。申请期末剩余545户居民不申请外迁，实施主体依居民申请以就地修缮、平移改善等不同方式改善居住条件。

经历年拆迁腾退，项目共实现腾退2万平方米，其中居民655户、建筑面积1.2万平方米，腾退单位5户、建筑面积8026平方米，除去后续经营利用的约1.27万平方米院落，实现了约8000平方米净减量、占原计划拆迁总量的16%，同时避免了约20万平方米的建筑增量，对实现核心区"双控四降"起到了重要促进作用。

3. 项目投融资

1）资金来源情况

原土地一级开发阶段，全部为企业投资，2019年转为申请式退租项目后，按照《首都功能核心区基础设施建设和环境改造提升实施方案》（京政办函〔2015〕50号），市政府固定资产投资对核心区资金严重不平衡的棚户区改造和老城风貌保护项目可安排不高于总投资20%的补助，区级财政也对项目进行了补助。经了解，在本项目中，市区财政补助合计占项目总投资比例超40%，有力保障了项目资金需求。

2）资金平衡情况

项目收入主要是腾退后平房院落的出租经营收入，项目通过增加整院出租占比、优化经营管理等方式，提升了租金水平，缩短了投资回收期，提高了项目内部收益率，最终实现项目静态回收期与保障性租赁住房相近，达到了市场可接受的水平，基本实现了保本微利。

4.实施成效

项目通过申请式退租、申请式改善、申请式换租、恢复性修建实现片区更新改造，达到以下成效：一是，通过持续、有序地实施街区修补和有机更新，补充完善城市基本服务功能，改善老城区市政基础设施，提高居民居住品质；二是，通过人口疏解和拆除违法建设，降低老城人口密度和建筑密度，保护老城风貌；三是，为片区内原有未参与腾退政策的居民、最后遗留在片区、四合院内的少数居民提供改善居住空间的新选择；四是，挖掘属地文化，通过恢复性修建和后期经营，传承属地宣南文化特色，形成具有传统文化特色的精品街区；五是，通过企业市场化运营探索可持续、可复制的老城保护模式。

5.创新经验

北京市首例申请式退租的试点工作是金恒丰公司在菜西片区进行城市更新的第一站，以此为起点，菜西片区打造了一种生态和商业双向延长的可持续发展模式。该模式可极大地改善居民居住环境、促进老城保护、提升公共设施品质，利用空间布局多元商业业态。

1）解决遗留问题，实现多方共赢

项目原为土地一级开发项目，曾经陷入拆迁停滞片区无人管理的局面，金恒丰公司接手后，解决遗留问题，并在全市率先启动了"申请式退租"模式，即住在平房区直管公房的居民可以按照个人意愿，退还房屋使用权，并获得补偿及安置。作为北京市首个申请式退租项目，菜西片区又率先启动申请式改善工程，金恒丰公司结合居民意愿实行"一院一策、一户一设计"推进申请式改善，打造新型共生院，厨卫浴进屋，大大改善了居民的居住条件，升级了院落公共设施，优化了公共空间。通过申请式退租、申请式换租、申请式改善、共生院落建造，实现了属地居民、入驻商户等多方共赢，也实现菜西片区有机持续更新。

2）优化公共环境，彰显文化内涵

金恒丰公司对片区的每条胡同、每座院落、每户居民都进行了深入、细致地跟踪调研，不断调整方案，尽量满足居民诉求。项目公共空间设计理念是重塑历史街巷活动空间，补充公共设施，利用存量空间拓展公共活动和交往空间。多种方式补充公共绿地空间，如街口布置公共绿地，提升社区形象；因地制宜打造精品口袋公园，以提升景观绿化。增设兼具艺术性和生活性的城市家具小品，营造宜人的城市空间环境和丰富的公共空间体验。优化市政交通设施，提高公共空间的可达性和利用率，并实现与周边环境的良好衔接和有机融合。充分挖掘文化内涵，在保护好历史风貌的同时，鼓励历史街区及建筑有机更新，并向公众开放，让公共空间成为传承历史文脉、彰显文化特征、提升文化品位的城市橱窗，让老百姓记得住乡愁、找得到老北京记忆。

3）开展银企合作，院落整体运营

鉴于整院经济价值较高，但形成的整院数量较少这一问题，金恒丰公司深入开展银企合作，促成院落整体运营。2021年6月，金恒丰公司与中国建设银行集团所属子公司建信住房服务（北京）有限责任公司签署《菜西项目房屋租赁院落合作协议书》，达成全市首例"申请式换租"模式落地，打通共生"死结"。将院落剩余居民通过房屋租赁置换方式迁至改造好的空间居住，再对腾出的完整院落进行整体修建。提升了原住户的居住品质，也促成了院落整体改造和运营，大幅提升了院落的经营价值。

4）创新招商工作，激活商业氛围

城市更新作为新型业务模式，项目受困于规模效应，存在拆迁遗留项目的无热度、无商业氛围的共性问题，并且前期投入成本高，经营利润较低。面对诸多问题，项目多途径创新推动招商工作，激活片区商业氛围。一是，建设与经营相结合，立标杆拉招商。通过分期推进的方式，由少量院子引入标杆业态逐步影响后期院落业态经营方向，提升整体片区商业活力氛围，并根据院落及房屋的不同形态，以多业态、多种类、多模式、多客户群体的经营方式推进。二是，建设与宣传相结合，树热点拉招商。结合项目建设的推进，定期进行活动策划及营销宣传，通过文化交流搞活氛围，炒热焦点、网红打卡点，以宣传带动招商。

当前，北京市已形成了以保障老旧平房院落、危旧楼房、老旧小区等房屋安全，提升居住品质为主的居住类城市更新体系，通过一系列城市更新政策文件，构建了城市更新政策体系，明确了更新的方向、目标和实施路径。但居住类城市更新项目主要以财政资金投入为主，社会资本参与积极性不强，金融财税的配套政策较为缺失，老旧小区综合整治、危旧楼房改建的社会资本参与渠道不畅通，居民出资意识不强，这些问题仍需在城市更新过程中持续探索、实践。

产业类城市更新

产业类城市更新指以推动老旧厂房、老旧低效楼宇、低效产业园区、传统商业设施等存量空间资源"提质增效"为主的城市更新。在我国高质量发展的背景下，城市经济正逐渐由要素驱动向创新驱动转变，推动信息传输、软件和信息技术服务业、科学研究和技术服务业等创新产业发展已成为产业类城市更新的重要方向。产业类城市更新是城市更新的"驱动器"，助力提升发展产业和增加就业，对于经济社会发展、深化改革开放、提振市场信心具有重要作用，在未来仍是城市更新的重要蓝海。

第一节 更新方向和实施内容

一、更新方向

产业类城市更新项目可细分为四类：老旧厂房项目、老旧低效楼宇项目、低效产业园区项目和传统商业设施项目。每类项目的更新需求和目标各有不同，针对性地采取更新方向和策略可以有效提升城市空间的利用效率和整体环境。

（1）老旧厂房项目的更新方向主要是转型升级，将其改造成现代化的办公空间、创意产业园区或文化艺术中心，同时注重功能复合和绿色改造，保留历史文化元素。

（2）老旧低效楼宇项目侧重于现代化改造、用途调整、智能化建设和环境美化，以提升楼宇的功能和单位空间经济效益。

（3）低效产业园区项目的更新方向包括产业升级、空间优化、基础设施提升和协同创新，旨在引进高新技术企业，优化园区布局，提升服务能力。

（4）传统商业设施项目则通过商业模式创新、业态调整、品牌升级和环境提升，适应新零售和多元化消费需求，提升商业设施的吸引力和竞争力。

通过这些更新的实施，不同类型的老旧和低效城市空间可以实现资源优化配置，推动城市的高质量发展。

二、项目实施内容

1. 老旧厂房项目实施内容

老旧厂房指存在消防安全环保隐患等问题，利用效率较低或闲置的工业厂房、仓储用房及相关存量设施。所谓"老旧"，从更新的动因来看，主要包括两个方面。一方面，由于技术发展需要，需对传统工业厂区的老旧工厂进行"关停并转"的调整，进而从经济价值和文化价值进行挖掘；另一方面，对于由于产业结构落后、厂区环境恶劣等原因造成闲置低效利用的厂房，需要进行产业升级和空间上的优化调整。

老旧厂房更新项目是指以盘活存量低效旧厂房为核心，根据新的使用需求对现存老旧厂房采取的内部装修、局部翻建、改建、扩建、拆除重建等更新改造行动，或者根据规划功能调整拆除现存老旧厂房，用以补齐城市功能短板，满足交通市政条件预留、"三大设施"设置、绿地及开放空间等需求。此类更新项目通过引入科技创新产业提高了产业链的附加值，通过促进文化产业的发展推动以旧厂房为主的文化创意产业的繁荣，通过引入现代服务业进一步满足了城市居民的多样化需求，为城市经济增长提供新动力。

2. 老旧低效楼宇项目实施内容

老旧低效楼宇可分为老旧楼宇和低效楼宇两类。其中，老旧楼宇指安全、节能、设施设备、空间等设计标准较低或运行存在问题，不能满足现行标准相关要求和运营需求的建筑物。低效楼宇指对动态认定的、对国民经济和社会发展综合贡献率偏低的建筑物，包括入驻率低、税收、现状功能定位、经营业态不符合各区发展要求等情况。

但是，现实生活中通常老旧和低效两个问题同时出现在开发时间较早的楼宇中，包括写字楼、商业楼、科技孵化器、SOHO等。老旧低效楼宇的更新旨在通过保留其原有特征和价值，满足当代城市需求，比如鼓励低效楼宇改建停车设施，从而强化低效楼宇更新复合利用，使这些楼宇能够更好地发挥经济、文化和社会功能，并在城市中心区内创造高增值、高集聚、高品质的经济发展空间。

3. 低效产业园区项目实施内容

低效产业园区往往表现出功能单一、设施老化、生产效率低下、资源利用效率不高等问题。其技术和设备可能已过时，环保标准低，产值不高，劳动生产率不尽如人意，导致园区的竞争力和营收能力下降，亟待更新改造。低效产业园区转型与更新包括产业结构转型、基础设施重建，以及土地用途改变等。通过更新，园区可成为当地高质量发展的推动力量。

进行低效产业园区更新时，常采用多种手段以提高其整体效益。

（1）调整业态和产业结构。通过调整园区的功能定位和产业结构，引入新兴产业，以适应城市和区域的发展方向，提升园区的经济附加值，有助于其更好地适应市场的需求变化，提高园区企业的竞争力。

（2）改建基础设施。通过对交通、供水、供电等基础设施的提升性建设，进一步提高园区的综合运营效能，强化园区与城市其他区域的连接，促进产业链的协同发展，有助于吸引更多高新技术企业入驻，推动园区经济的持续性增长。

（3）改变土地用途。将原有的部分工业用地转变为商业及服务业用地等，以适应城市新的需求，实现土地的多维利用和多功能转型，提升园区的产业多样性，推动城市经济的多元化发展。

（4）升级环保设备。针对污染严重的产业园区引入"三废"净化设备、全面执行绿色建筑标准等手段，提高园区的环保水平，减少环境污染，推动园区及整个城市的可持续发展，有助于园区更好地满足政策法规对于现代环保的要求。

4. 传统商业设施项目实施内容

传统商业设施更新是针对具有一定规模的购物中心、百货店、专业专卖店等商业设施和商圈，为完善建筑安全和使用功能、优化业态结构、提升空间品质、提高服务水平，拓展新场景、挖掘新消费潜力进行更新改造。传统商业设施包括商业街区、购物中心、巾场、商业综合体等多种形式，这些传统商业设施在城市中共同构成了多样化的商业景观，然而，随着时代变迁和消费习惯的改变，它们也面临更新和转型的挑战，以适应现代社会的需求。传统商业设施的更新通常包括以下方面：

（1）商业空间重新规划。对商业区域的用地和空间进行重新规划，优化商业布局，提高商业设施的利用效率，包括引入新业态，或者改变商业空间的结构等。

（2）建筑和设施更新。对老旧建筑和设施进行翻新、改建或重建，以符合现代商业和建筑标准，包括提升建筑外观、改进设施设备、增加可持续性元素，以及引入新的技术和设计理念。

（3）商业种类和业态升级。调整商业种类和业态，引入更符合市场需求的商户和服务，以适应当代消费者的喜好和购物方式，包括引入新零售概念、推广创新的商业模式等。

（4）提升公共环境。通过改善街道、广场、绿化等公共环境，提升商业区域的整体品质，吸引更多人流，为商业活动创造更好的氛围。

（5）数字化和科技应用。引入数字化技术和科技应用，提升商业设施的智能化水平，改善用户体验，例如增加手机支付消费场景和智能导航泊车等。

第二节　实施路径和模式

一、项目实施路径

在产业类城市更新的项目中，实施路径是至关重要的决策因素，直接影响着项目的成功与否。实践中常常有多种路径，每种路径都有其优势和适用情况，需要仔细考虑和选择。以下是一些常见的实施路径，它们为城市更新提供了灵活性和多样性，以适应不同地区和项目的需求。

（1）自主更新。在符合街区功能定位和规划的前提下，原产权单位（或产权人）通过自主、联营等方式进行更新改造、转型升级。

（2）对外转让。原土地使用权人无继续开发建设意愿的，可通过土地二级市场交易监管平台进行转让。

（3）专业平台公司统筹实施。由国有企业成立平台公司，通过腾退、整合等方式，对企业所属土地、房屋资源进行统筹再利用。原产权单位（或产权人）按原使用条件通过土地作价（入股）的形式参与更新改造。平台公司作为项目实施主体，按规划要求对设施、业态进行统筹更新利用。

（4）政府收储。根据实施规划需要，涉及区域整体功能调整的，统一由政府收储，按照规划用途重新进行土地资源配置，由新的使用权人按照规划落实相应功能。

在产业类城市更新的实践中，原产权单位（或产权人）不希望失去房地资产的情况下，多倾向于选择自主更新，或由政府收储后再参与招拍挂拿地；筹措更新改造资金困难的情况下，多选择与专业平台公司合作更新，可以股权方式合作，也可以以取得还建房屋资产的方式合作。

二、项目实施模式

1. 老旧厂房项目实施模式

在老旧厂房更新实践中,主要通过内部装修、局部翻建、改建和扩建以及拆除重建等方式,对原有的生产性空间和传统产业同时进行优化升级。本章第四节将主要介绍两种老旧厂房更新模式。第一种是"文化产业转型"更新,该模式是指将老旧厂房进行重新规划和改造,以适应文化创意产业的需求,将其转变为文化艺术中心或文化创意产业聚集区;第二种是"高精尖产业转型"更新,该模式对老旧厂房进行技术升级和设施改造,以满足高科技产业需求,将其转变为高科技产业园区或科技创新中心。

2. 老旧低效楼宇项目实施模式

根据老旧低效楼宇存在的问题和更新后的功能业态,采取修缮、内部装修、现状改建、新建扩建等更新改造行动的建设工程。本章第四节将主要介绍两种老旧低效楼宇更新模式。第一种是"产业提升型"老旧低效楼宇更新,强调在对产业进行调整的过程中,主要突出业态的精简和聚焦,打造"小而美"的城市商业空间;第二种是"活力提升型"老旧低效楼宇更新,将丰富业态、提升档次作为更新的首要目标。

3. 低效产业园区项目实施模式

低效产业园更新主要解决园区内部的土地集约利用和所承载经济活动的效率问题,推动传统产业转型升级,重点发展新产业、新业态,聚集创新资源、培育新兴产业,完善产业园区配套服务设施。本章第四节将主要介绍两种模式。第一种是"职住平衡型"产业园区更新,主要特点是充分释放空间的可利用性,将产业活动的生产性空间和园区工作人员的生活配套空间有机融合,提升空间的利用效率和利用强度;第二种是"高新科技型"产业园区更新,主要特点是全面提升产业生产各类要素的空间配置,通过优化要素在时空上的组合,提升产业本身的效率。以上两种路径是低效产业园区更新的主要路径,本书后续内容将会分别用具体更新实例来说明如何推动低效产业园的更新工作。

4. 传统商业设施项目实施模式

传统商业设施更新旨在针对商业设施硬件老化,结构条件、业态模式难以适应新消费需求的问题,对其软硬件设施进行改造提升,提高商业设施与消费场景的匹配度，通过充分挖掘存量商业设施潜力，推动存量商业设施提质增效。本章第四节将主要介绍两种模式。第一种是"消费场景升级型"传统商业设施更新，通过优化空间要素对消费场景升级打造，以"望京小街"项目为例，具体讲述如何打造更高品质的消费场景，提升商业设施的吸引力；第二种是"潮流消费定位型"传统商业设施更新，通过调整项目定位，进而对商业业态提档升级，吸引更多较高消费能力的年轻人进行潮流消费，实现项目人气聚集和营收能力提升，本书后续将以"西单更新场"为例具体分析。

三、项目投融资模式

社会资本作为产业类城市更新最主要的投资者之一，在产业类城市更新项目中，扮演着至关重要的作用。政府在更新项目中，发挥引导和支持的作用，通过安排投资补助等方式，推动产业类城市更新。金融机构通过创新金融产品，支持产业类城市更新。

产业类城市更新的资金来源主要包括实施主体自有资金、其他社会资本资金、金融机构资金，以及城市更新基金等。此外，项目可以通过资产证券化等方式进行融资，符合要求的产业类城市更新项目还可申请政府补助和奖励资金。

1.实施主体自有资金

自有资金具有较高灵活性和自主性，实施主体能够更加独立地进行资金管理和决策。

2.其他社会资本资金

实施主体可以与具有投资、运营等优势的其他社会投资人平等协商，灵活运用股权收购、资产转让、租赁等多元化方式开展合作，吸引其他社会资本资金参与产业类城市更新。

3.金融机构资金

（1）城市更新专项贷款。城市更新专项贷款是由政策性银行、商业银行等研发推广。按照"三个统筹"的理念，积极引入社会资本实现整体收益平衡，探索主体、项目与还款来源三统筹，形成整体打包、项目统筹、综合平衡的城市更新运作模式，为承担城市更新投融资、建设和运营管理的实施主体提供中长期授信。

如张家湾设计小镇城市更新项目为"三统筹"实施模式的首个示范项目。通过将有收益和无收益的内容进行"肥瘦搭配"，统筹城市更新项目；通过将经营性收入按不同业态进行市场分析,科学测算未来收益,统筹多样化还款来源;通过政策解读,为城市更新项目寻求财政补贴及资本金注入,将政府的政策优势转化为信用优势,统筹信用结构,为打造强有力的市场化主体做好前期铺垫。

(2)城市更新项目融资贷款。金融机构综合考虑项目单位的资金实力、操盘能力、项目推进风险、还款来源保障,以及项目风险管控措施等因素给予资金支持。项目单位以项目的未来收益和资产作为偿还贷款的资金来源和安全保障。

(3)债券融资。社会主体通过依法发行企业债券等方式,筹集老旧厂房更新改造资金。

4.城市更新基金

基金融资包括城市更新私募基金和城市更新产业基金。前者一般由市场化机构发起,由专业的投资机构进行基金的搭建、管理以及最终实现退出。后者一般是政府引导性基金,资金来源是行业国企,同时吸纳银行、非银金融机构及民间资本等社会资金。

5.资产证券化

产业类城市更新项目所有权主体和运营主体,可以以资产所有权、租赁权和运营权为标的,以租金收益为基础,通过资产证券化等方式进行融资,拓宽资金来源。

6.政府补助和奖励资金

1)市政府固定资产投资补助

为加快建设具有首都特色的现代化产业体系,充分发挥政府投资引导带动作用,调动市场主体的积极性和创造性,推动全市腾退低效产业空间改造利用升级、功能优化、提质增效,释放高品质的产业空间资源,助推首都产业智能化、绿色化、融合化发展,市政府固定资产投资对于符合条件的项目给予支持。

重点支持由于疏解腾退、产业转型、功能调整,以及不符合区域产业发展定位等原因,原生产无法继续的老旧工业厂房、仓储用房、特色工业遗址及相关存量设施改造。改造面积需超过3000平方米。支持方式分为投资补助和贷款贴息两种。①投资补助。按照固定资产投资总额30%的比例进行政府固定资产投资补助,单个项目支持金额最高不超过5000万元。②贷款贴息。按照LPR(实际利率低于LPR的,按照实际利率)给予不超过2年的贴息支持,总金额不超过5000万元。

原则上只支持在建项目或已具备开工条件的项目,确保投资计划下达即可投入使用,且能够尽快形成实物工作量,已完工项目不再予以支持。

改造要求包括以下三点:①改造后引入的业态应为战略性新兴产业、高精尖产业、现代服务业，或属于先进制造业与现代服务业融合发展、数字经济与实体经济融合发展的重点领域。②大力发展绿色建筑，在建筑本体改造时同步实施高水平的节能绿色化改造。③强化与周边环境协同，织补城市功能，通过营造共享生态、打造开放空间等方式，补齐周边公共空间服务功能以及配套设施短板。

改造目标为引入区级以上且符合区域功能定位的重大产业项目和重点企业。项目交付后1年内，入驻率不低于70%。具备可再生能源利用条件的项目，应有不少于全部屋面水平投影40%的面积安装太阳能光伏，供暖可采用地源、再生水或空气源热泵等方式；改造后节能率达到15%以上。

2）市政府奖励资金

为推进全市老旧厂房转型利用和提质升级，加快"以产促城、产城并进"，实现以存量空间资源支撑增量产业发展，鼓励在京企业在不改变工业用地性质的前提下，利用工业腾退空间、老旧厂房开展先进制造业项目建设。对于纳入《北京市老旧厂房改造再利用台账》、建设期不超过3年、固定资产投资不低于500万元的竣工项目，于竣工后按照总投资额的20%予以奖励，单个项目奖励最高不超过3000万元。

对于采用融资租赁方式租赁研发、建设、生产环节中需要的关键设备和产线的，按照不超过5%费率分年度补贴，最高不超过3年，单个企业补贴金额不超过1000万元。

第三节 实施流程和审批程序

老旧厂房更新改造项目实施流程如图4-1所示，主要有以下三个步骤，前期工作、手续办理和后期监管。老旧低效楼宇改造、低效产业园区更新和传统商业设施更新项目的实施流程与之类似。

1. 前期工作

主要包含项目申报、列入计划、实施方案编制、联合审查、签订协议等五项内容。第一，项目申报指项目实施主体按照城市更新项目库管理有关规定，向区城市更新主管部门申报入库；第二，列入计划指各区政府组织编制本区城市更新计划时，由区城市更新主管部门会同区发展改革等有关部门，判断项目产业业态、用地及建筑规模需求等是否符合相关要求；第三，实施方案编制指由实施主体按要求编制更新改造项目实施方案，包含规划设计方案、建设计划、成本测算、资金筹措方

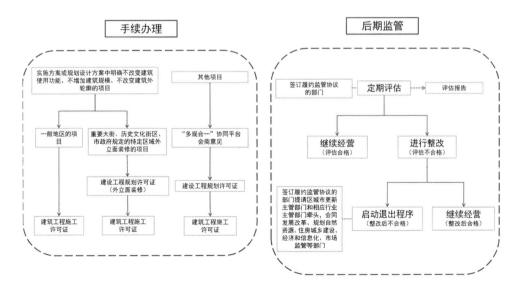

图 4-1 老旧厂房更新改造项目实施流程

式、运营管理模式等内容；第四，联合审查指由区城市更新主管部门会同相应行业主管部门对实施方案进行联合审查并出具审查意见；第五，签订协议指由相关部门与实施主体、产权单位签订更新改造项目履约监管协议。

2. 手续办理

规划建设手续实行分类办理。第一类是实施方案或规划设计方案中明确不改变建筑使用功能、不增加建筑规模、不改变建筑外轮廓的更新改造项目，可直接办理建筑工程施工许可证。其中，位于重要大街、历史文化街区、市政府规定的特定区域外立面装修的项目，应先办理外立面装修的建设工程规划许可证，再办理建筑工程施工许可证。

第二类是除上述情况外的其他更新改造项目，包括改变建筑使用功能、或增加建筑规模、或改变建筑外轮廓、或改变建筑布局、或改变建筑主体结构引起建筑规模、层数、高度等发生变化的项目，直接纳入"多规合一"协同平台会商阶段办理规划手续，再办理建设工程规划许可证和建筑工程施工许可证。"多规合一"协同平台会商阶段不再征求前期研究阶段已参与各部门的意见。

手续办理的主体一般为实施主体和产权单位。如果更新改造项目的实施主体与产权单位不一致，规划建设手续办理给产权单位；同时，应按照政府批准的供地方式进行分类登记。采取五年过渡期政策的，过渡期内暂不办理不动产登记手续；过渡期满或涉及转让时，先按照新用途和土地权利类型办理用地手续，再办理不动产登记手续。以其他方式供地的，应按照相关法规办理不动产登记手续。

3. 后期监管

各级政府及部门通过与实施主体、产权单位签订更新改造项目履约监管协议的方式对更新改造项目进行全过程监管。履约监管协议应包含产业类型、投资强度、产出效率（含地均产出）、创新能力、节能环保、退出机制等内容，并对禁止项目擅自改变主要建筑使用功能、擅自转租和分割销售作出明确约定（含违约处理方式）。

同时，按照相关法律法规和履约监管协议的要求，对项目进行定期评估。评估结果应作为项目继续实施经营、整改或退出的重要依据，主要分为以下几种情况：第一，评估结果符合相关法律法规和履约监管协议要求的，更新改造项目可享受相关优惠政策继续进行经营。第二，不符合要求的，特别是涉及擅自改变主要建筑使用功能、擅自转租和分割销售的，签订履约监管协议的部门应要求实施主体、产权单位按期整改。第三，整改后仍不符合要求的，由签订履约监管协议的部门提请区城市更新主管部门和相应行业主管部门牵头,会同政府职能部门,依据相关法律法规和履约监管协议的要求启动项目退出程序。

第四节 典型案例实践

一、老旧厂房项目典型案例

1. 老旧厂房"文化产业转型"更新:以"台湖图书城提升改造(8字楼)"项目为例

1)项目基本情况

台湖图书城(全称为北京台湖出版物会展贸易中心)是由北京发行集团有限责任公司于2007年11月建成的大型重点文化创意产业项目,地处通州区台湖镇胡家垡村东,是原来的北京出版物发行的物流中心,曾经是全国最大出版物交易中心和物流仓储基地。该更新改造项目是台湖演艺小镇首个启动的城市更新示范项目(表4-1)。

台湖图书城提升改造(8字楼)项目基本情况表　　　　表4-1

项目名称	台湖图书城提升改造(8字楼)项目
实施主体	北京城市副中心投资建设集团有限公司
运营单位	北京城市副中心投资建设集团有限公司
实施模式	"文化产业转型"更新模式
实施内容	建筑改造、文化产业升级
资金来源	建设单位自筹,市政府固定资产投资补助资金
收入来源	经营收入
典型经验/启示	①充分利用老旧建筑资源进行创新改造 ②注重功能区域划分和空间设计优化 ③强化文化创意产业和城市发展的融合发展

2)项目实施过程

(1)建筑改造。项目通过绿色化节能改造,引入先进的节能技术和绿色建材,减少能源消耗和环境污染,提升建筑的可持续性和环境友好性。对原建筑结构进行了细致的检修和加固,确保其结构安全性和稳定性,同时优化空间布局,增加功能分区,提升空间利用效率。在立面系统的改造方面,采用了现代化的设计理念和材料,提升了建筑外观的美观度和品质感,同时提升了建筑的隔热性能和保温效果。

项目升级暖通系统和给排水系统,使得建筑内部的温度、湿度和通风等环境条件得以优化和控制,提升了建筑内部的舒适度和使用体验(图4-2)。

图4-2 台湖图书城(8字楼)改造前与改造后对比图

(2)文化产业升级。项目整体以打造文化演艺、会展产业核心IP为主,同时有限度向上、下游产业延展,较大程度覆盖目标客群基数,重点以文创产业与数字产业、科技、互联网、传媒等新型产业相结合的方向为目标,形成泛文化产业聚集(图4-3)。在产业落地与运营理念上,将演艺体验场景与科技赋能相融合,构建支撑"四个中心"首都城市战略定位的"演艺文化创新区"。在重点IP与资源统筹上,将文化消费融合和引流带动相契合,形成构建"国际消费中心城市"新发展格局的"新型消费聚核地"。

图4-3 项目建设效果图

3)项目实施经验

(1)充分利用老旧建筑资源进行创新改造。通过对"8字楼"等老旧建筑的外立面、内部设施和功能进行全面提升和更新，项目不仅保留了原有建筑的独特形象和历史文化底蕴，还赋予了其新的活力。采用现代设计理念和先进技术，将传统与现代相融合，使建筑内外焕然一新。

（2）注重功能区域划分和空间设计优化。在提升改造过程中，项目充分考虑了不同功能区域的需求和空间利用效率，进行了精细的功能区域划分和空间设计优化。例如，"8字楼"内部设立的戏剧产业综合楼，其各层楼有不同的功能分配，包括会展区、演艺工作坊和艺术创作室等，以满足不同的业务需求和活动用途。这种合理的功能区域划分和空间设计，有助于提升建筑的使用效率和用户体验。

（3）强化文化创意产业和城市的融合发展。项目以创意创作、展演交流为核心功能，为当地文化产业的发展注入新的活力和动力。通过将老旧建筑更新为文化地标，将其转变为台湖演艺小镇的核心文化场所，项目实现了文化产业与城市景观的有机融合。

2. 老旧厂房"高精尖产业转型"更新：以"怀柔金隅兴发地块科研楼及附属设施"项目为例

1）项目基本情况

本项目建设地点位于怀柔科学城北部，金隅兴发科技园内（图4-4）。科技园四至范围为：东至厂区东侧二类文保建控地带边界，南至现状道路，西至怀丰公

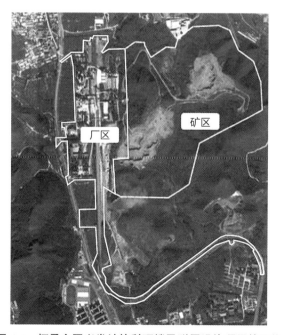

图 4-4　怀柔金隅兴发地块科研楼及附属设施项目的区位

路,北至西河路南侧边界,园区总用地面积超过30万平方米。

本项目改造前为北京市怀北兴发水泥厂。为疏解非首都功能,北京的一般制造业和污染企业相继关停退出。本项目通过对停产的怀北兴发水泥厂老旧厂房更新改造,优化产业空间布局,"腾笼换鸟",实现在京产业迭代升级;通过挖掘北京雁栖湖应用数学研究院等高等研究机构上、下游资源及产业带动的潜力,致力关键共性基础技术突破,形成科研机构成果转移转化和推广应用的新标杆,打造持续自主创新、产学研用一体化创新科技产业园区,形成科学与产业、创新与运营深层融合互动的新模式(表4-2)。

怀柔金隅兴发地块科研楼及附属设施项目基本情况表　　表4-2

项目名称	怀柔金隅兴发地块科研楼及附属设施项目
实施主体	北京金隅兴发科技有限公司
运营单位	北京金隅兴发科技有限公司
实施模式	"高精尖产业转型"更新模式
实施内容	对原工业建筑厂房的改造,并引进高精尖产业
资金来源	自筹资金,市政府固定资产投资补助资金
收入来源	研发办公楼租金收入、物业收入、会议收入、展示展览收入、研学收入、配套服务收入等
典型经验/启示	①嵌入自然景观,打造立体式绿色空间 ②构建多功能科研园区,推动厂区转型发展

2)项目实施过程

建筑改造方面,该项目的建设内容主要是对原工业建筑厂房的改造,包括建筑结构工程、外檐工程、给排水工程、暖通空调工程、消防工程、强弱电工程、电梯工程等,改造建筑面积约2万平方米。改造后的园区共包括五大功能区,分别为北京雁栖湖应用数学研究院区、孵化器办公区、综合管理服务区、专家工作室区、高等研究院区(图4-5)。

产业升级方面,项目引入人工智能、智慧城市、数字金融、数字文旅等数字经济产业,如上海万联漫娱科技服务有限责任公司、北京中景合天科技有限公司、北京有为信通科技发展有限公司。

本项目通过对闲置厂房改造升级,盘活存量空间资源,建成高精尖产业孵化器和企业加速器,依托怀柔科学城和北京雁栖湖应用数学研究院的带动效应和影响力,重点围绕数学与工程应用、技术产业化的对接融通,培育壮大人工智能、智慧城市、数字金融、数字文旅等数字经济产业,搭建数学学科与产业应用领域

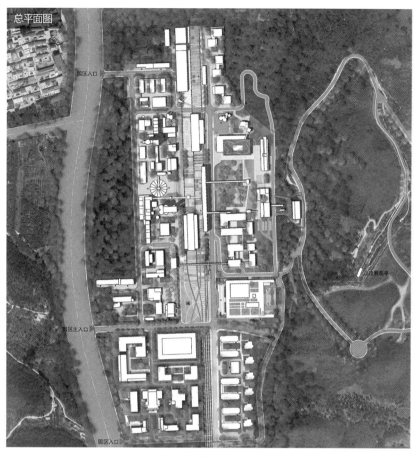

图 4-5 项目总平面图

的交流平台,推动基础研究到产业融合多元发展,为实现技术难题的突破提供有力支撑。

3)项目实施经验

(1)嵌入自然景观,打造立体式绿色空间。最大限度保留原始地形,建筑依山而生,结合水景,以生态景观微地形式嵌入教学科研楼,与预留绿地形成和谐的空间关系,营造移步换景、动静相宜的空间体验,并结合古典园林的景观设计手法,为使用者打造舒适的科研办公场所。矿区全部还绿,依托山势进行修复,打造集生态景观绿地、水域及防护绿地、铁路防护绿地在内的立体式绿色空间,与生态小镇实现自然融合,成为供怀柔科学城科研工作者和市民游客休憩的森林公园。

(2)构建多功能科研园区,推动厂区转型发展。项目共打造多个核心功能区,涵盖科研教学、管理服务、住宿、孵化器办公等多种功能。基于地理位置的优势,结合"三城一区"中怀柔科学城建设的重大规划，探索厂区转型新途径，规划改造成为国内外科研人员及文化创意人群服务的金隅科技生态谷，变身为集科技研发、文化创意、交流展示为一体的"金隅科技研发生态小镇"。伴随着北京雁栖湖应用数学研究院的入驻，借助其影响力，引入多家知名企业入驻厂区，推动整个怀柔科学城健康繁荣发展。

二、老旧低效楼宇典型案例

1. "产业提升型"老旧低效楼宇更新：以"西城区新动力金融科技中心改造升级项目"为例

1）项目基本情况

西城区新动力金融科技中心位于西外大街主路沿线，总建筑面积9.5万平方米，是北京市产业类城市更新的重点项目。新动力金融科技中心的前身为"四达大厦"，曾经聚集了金开利德等五家服装批发市场，是当年"动批"地区市场最多、体量最大的楼宇。在国家京津冀协同发展的大战略下，以北京城市总体规划为引领，推动疏解非首都功能。"动批"转型为国家级金融科技示范区核心区。

作为国家级金融科技示范区核心区起步楼宇，该项目汇聚了中关村、金融街两大区域的优势资源，在原动物园公交枢纽基础上，依托金融科技产业发展机遇，集合金融科技产业落地空间、专业服务展示平台、智慧楼宇示范基地和城市交通转换枢纽等功能，发展成为"新一代智慧城市综合体"（表4-3）。

西城区新动力金融科技中心改造升级项目基本情况表　　表4-3

项目名称	西城区新动力金融科技中心改造升级项目
实施主体	北京新动力金科资产运营管理有限公司
运营单位	北京新动力金科资产运营管理有限公司
实施模式	"产业提升型"老旧低效楼宇更新模式
实施内容	提升产业业态，助推产业升级
资金来源	自筹资金
收入来源	租金收入、物业服务收入、配套服务收入等
典型经验/启示	①产业先行，需求导向 ②精益管理，优化成本，提升品质 ③建设"新一代智慧城市综合体" ④创新楼宇专业服务体系

2）项目实施过程

项目改造总建筑面积约为10万平方米，主要实施电梯变频改造、采用节能玻璃幕墙等绿色节能改造以及外立面改造、内部结构改造和装饰装修、设施设备更新、室外工程等，建成集产业落地空间、专业服务平台、智慧楼宇示范基地等功能于一体的金融科技产业融合创新综合体。

项目经过升级改造，将原有的商业模式转型升级为现代化的写字楼，成为西城区"腾笼换鸟"，推动高质量发展的名片。目前新动力金融科技中心入驻机构包括智慧银行网点等金融机构、总部型金融科技企业、利用新技术提供创新型金融服务的龙头企业，以及金融科技领域的研究机构等，如中央结算公司、清华中债金融科技研究院、北京国家金融标准化研究院有限责任公司、北京国家金融科技认证中心有限公司、奇安信集团、神州信息、现代财产保险（中国）有限公司等企业。项目为入驻企业提供优质的空间载体和专业的产业服务，为北京市的金融科技产业发展提供新动力和新动能。

3）项目实施经验

（1）产业先行，需求导向。新动力金融科技中心相较于一般改造项目，采取"产业先行""需求导向"方针，以金融科技产业为核心目标客群，楼宇各类指标、设计均以产业需求为导向。通过软硬件升级有机结合、智慧楼宇管控系统开发、交通动线优化、公共交流空间打造等方式，解决公交场站与楼宇办公人群混杂、缺乏公共配套空间与商务服务空间等问题，并根据业态需求调整楼层功能布局。

（2）精益管理，优化成本，提升品质。为了控制改造成本，北京新动力金科资产运营管理有限公司采取代建单位、成本审计单位、总包单位多级审核制度，通过周例会及专题会方式加强调度、严控成本，并积极采取新工艺、新技术，在保证楼宇品质与工期的前提下优化各类成本。

（3）建设"新一代智慧城市综合体"。新动力金融科技中心通过对楼宇硬件设施更新改造，将原来拥挤狭窄的批发市场升级为服务于金融科技产业的高端办公载体。改造后的楼宇并非像传统写字楼只是单一地满足企业办公基础需求，而是成为集合金融科技产业承载空间、专业服务展示平台、智慧楼宇示范基地和城市交通转换枢纽中心等功能的"新一代智慧城市综合体"。大厦整体以"金融科技思想发源地、专业服务平台"为项目定位，成为首都核心区展示金融科技形象的重要窗口。

（4）创新楼宇专业服务体系。依托西城区国有资本市场化运营专业平台——北京金融街资本运营集团有限公司,以"资本运作+空间运营+服务配套"多维度打造楼宇专业服务体系,成为承载金融科技产业"国家队""独角兽"和"生力军"企业落地的重要载体。楼宇为入驻企业提供高品质办公服务空间和专业产业服务,营造出金融科技产业发展的蓬勃氛围,形成了多元丰富的金融科技产业生态。

2."活力提升型"老旧低效楼宇更新:以西城区"新街高和"更新改目为例

1)项目基本情况

项目位于北京市西城区新街口北大街3号,近地铁积水潭站(2号线与19号线换乘站),临近地铁4号线新街口站,交通便利(图4-6)。项目地处北京中关村和金融街两大商务区边缘,项目与周边的西直门、马甸和德胜桥等商务区共同形成了中关村和金融街两大商务区辐射相交的产业交叉区。最初由北京新华燕房地产发展有限公司(现更名为北京新街睿持企业管理有限公司)开发和运营(表4-4)。

图4-6 项目区位

西城区"新街高和"项目基本情况表　　　表4-4

项目名称	西城区"新街高和"更新项目
实施主体	高和资本旗下北京新街睿持企业管理有限公司
运营单位	高和资本旗下北京新街睿持企业管理有限公司
实施模式	"活力提升型"老旧低效楼宇更新模式
实施内容	产业增量升级、工程改造升级、商业产品维度升级
资金来源	高和资本
收入来源	租金收入、物业服务收入、配套服务收入等
典型经验/启示	①精细运营管理,推进持续改进 ②增加服务设施,打造创意办公综合体 ③增加品牌效应,引领未来办公趋势 ④增量商业品类,创建优质商业生态

新街高和项目物业占地面积为6382平方米,总建筑面积为28572平方米,计容面积20352平方米,地下三层,地上六层,其中B2/B3是停车场(158个车位),B1-1F为商业业态,2F-6F为办公业态。新街高和项目于2015年初被高和资本担任基金管理人的一期基金收购,是全国范围内通过金融手段推动市场化城市更新的早期典型案例。2015年,恰逢北京市"十三五"时期,市政府开始关注城市疏解整治促提升和城市更新工作。新街高和通过商改办,将原有部分散乱商业租户有序退出,引入品质较高的金融、科技类租户,契合北京首都提质增效、有序疏解的治理理念。

2)项目实施过程

新街高和项目在被高和资本收购前原为北京星街坊购物中心,主要面向新街口周边人群,业态主要为社区零售、儿童培训。但由于受周边商业环境与居住社区氛围影响,整体业态规划较为传统,客流、销售不尽如人意,项目的活力并未被充分激发。

在投资初期,高和资本对项目进行了多层次的判断。首先,高和判断新街口外大街即将进行拓宽改造,这样原本最适合商业业态发展的小尺度街道宽度将不复存在,街道两侧人流将会被阻断,商业业态生存将面临较大挑战。但大尺度街道宽度对于办公楼将是一个巨大的利好,交通方便的同时也会取得较好的展示面,因此判断把商业改造为写字楼将是一个很好的选择。其次,北京写字楼租金是全国之冠,明显高于周边的零售商业租金,新街口外这个区域的写字楼租金天花板在9元左右,而当前商业租金不超过4元,有巨大的改造溢价和业态转换溢价,这样强烈地支撑了改造为写字楼的策略。由此,项目团队制定了开创性的"商改办"策略。

该项目更新主要涉及三个方面。第一,创新楼宇大堂位置选定。一般商业物业的首层面积大、商业价值高,但是办公物业需要首层品质大堂来提升楼宇身份形象。同时,楼宇首层商业与写字楼客流存在人群冲突,因此将大堂设计在二层空间,以扶梯从首层入口引流的解决方案(图4-7)。此举不仅提升了楼宇档次形象,也增加了坪效较高的一层商业面积的范围,在增加项目营收的基础上也契合项目定位打造的"办公新空间"理念。

第二,外立面改造升级。"新街高和"原有的建筑立面相对老旧,采光面不足,不足以支撑项目初期"商改办"的构想。经过多轮推敲,项目提出了专业化且契合项目所处的西海街区风貌的设计方案,增加了项目自然采光面积,提升了办公楼宇的商业氛围(图4-8)。

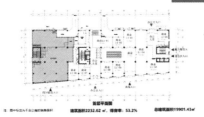
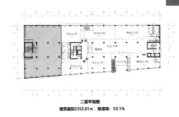

图 4-7 "新街高和"更新项目内部空间

图 4-8 "新街高和"更新项目外立面方案

第三,纵向交通升级。原商业项目的纵向直梯较少,而采用传统的扶梯作为纵向交通的主要工具。这类扶梯不仅占了大量公区面积,也不利于办公雅静氛围的营造。项目团队经过研究,取消原商业项目以扶梯为主的人流动线,改为以直梯为载体的办公客流动线。随之在总建筑面积基本不变的条件下,实施部分结构的增减变动,对部分楼板实施封堵及加固改造措施,以提高项目的办公品质。

3)项目实施经验

(1)精细运营管理,推进持续改进。项目一方面打造精细化运营体系,提升租金收入;另一方面,建立专业的经营管理模式,对标标准化金融物业资产,为一期增值型基金的退出做准备。通过专业的物业管理和服务,为租户提供了优质的办公环境,增强了租户的满意度和忠诚度,从而提升经营收入。项目在运营团队的努力下,常年保持95%左右的出租率,并取得了稳定的经营现金流。

(2)完善服务设施,打造创意办公综合体。在改造中进行了全新的定位,项目从原本的传统购物中心升级为一座多功能创意办公综合体。新的空间布局结合了多样的公共会议室、豪华大堂咖啡厅以及屋顶景观聚会平台等服务设施,使该项目在众多办公物业中脱颖而出。这一改造吸引了众多优质金融企业入驻,同时也成为一些创新型科技文化企业的发展基地。目前,新街高和入驻企业的组成呈现出多元性,包括金融、科技、文化、政府机构等不同领域。

(3)强化品牌效应,引领未来办公趋势。项目引入了高和资本旗下的"Hi Work"品牌,这一内容输出品牌致力于提升办公效率、创新服务、创造价值。它融合了未来办公的需求,如共享、平台、交互、人本以及社群精神,为创新型企业打造了一流的生态办公空间,呈现出一种"轻奢"氛围,成为"新办公"的创意实践基地。

(4)丰富商业品类,创建优质商业生态。项目的核心理念是将办公配套服务辐射到周边社区,以打造一个融合品质与性价比的商业体系。项目内的入驻商家涵盖了大量知名连锁品牌,包括食堂、创新型和便民型品牌,满足了多元客户群体的需求,提供了便利、快餐、早餐、休闲茶歇、正餐、美容美发等服务,为楼内办公租户提供了高品质的配套保障。

三、低效产业园区典型案例

1."职住平衡型"产业园区更新:以怀柔区"长城海纳硬科技加速器"项目和"凯利特人才公寓"项目为例

1)项目基本情况

该园区的更新通过平衡生产性空间和居住型空间实现。"长城海纳硬科技加速器"项目由原来位于怀柔科学城中心区的北京海创百纳生物科技有限公司的闲置厂房改造升级而成,总占地面积约2.64公顷,原厂房建筑面积1.4万平方米,升级改造后建筑面积约2.5万平方米。"凯利特人才公寓"该项目由原位于同一个园区的凯利特彩印厂改造,占地面积2万平方米,可提供262间人才公寓和67个停车位,为怀柔科技人才提供一个集餐饮、健身、休闲等功能于一体的绿色智慧生态社区(表4-5)。

"长城海纳硬科技加速器"项目建筑外部保存原园区厂房的红砖墙立面(图4-9),

怀柔区"长城海纳硬科技加速器"和"凯利特人才公寓"项目基本情况表　表4-5

项目名称	怀柔区"长城海纳硬科技加速器"和"凯利特人才公寓"项目
实施主体	北京市长城伟业投资开发有限公司
运营单位	北京雁栖众和科技服务有限公司、辉展智慧（北京）公寓管理有限公司
实施模式	"职住平衡型"产业园区更新模式
实施内容	打造专业园区和高品质公寓
资金来源	自筹资金
收入来源	租金收入、物业服务收入、配套服务收入等
典型经验/启示	①多功能空间规划和策划 ②生态宜居环境的设计 ③优化交通便利性

图 4-9　"长城海纳硬科技加速器"项目的外立面

通过"修旧如旧"的方式，最大程度保留工业遗存风格。室外空间规划体现功能性和人性化，将原有厂区空地转化为以绿植和草坪为主的景观空间，满足科研人员户外休闲和活动的需求。该项目共包括2栋单体建筑，划分研发办公楼、共享实验室、展示活动中心和餐饮配套4大功能分区。研发办公楼上下两层，共有14个独立办公区和1个咖啡厅。

"长城海纳硬科技加速器"项目依托怀柔科学城大科学装置集群优势，聚焦高端仪器装备和传感器等领域，外延新能源、新材料等领域，打造集产业技术研发、科技企业孵化、高端人才引进、重大成果转化于一体的产业技术转化基地。此次引入北京海舶无人船科技有限公司、华谱科仪（北京）科技有限公司等13家创新主体，预计达产后年生产总值可达16.5亿元，将为怀柔科学城建设不断注入新的活力。

"凯利特人才公寓"项目切合怀柔科学城生态宜居创新示范区的战略定位，以绿色生态改造为出发点，从活力共享、健康舒适、绿色低碳、智慧运营四个维度改造更新，为科研及相关人员提供良好的生活环境。项目实施过程中，施工方对原建筑结构进行装饰改造，将打造"工业风、学院派"的人居环境，外立面采用装饰铝板、锈板，同时结合原结构改造效果，打造成一个绿色智慧生态社区。"长城海纳硬科技加速器"和"凯利特人才公寓"项目的结合，有力助推怀柔科学城构建区域统筹、职住平衡的"产业—居住"产城系统（图4-10）。

图4-10　"凯利特人才公寓"项目设计图

2）项目实施过程

在更新改造过程中，面临原园区建筑通风采光差、施工空间狭小、保温性能差等问题。项目采取多种改造方式提升空间品质，包括建筑空间改造提升、场地功能改造提升、建筑性能优化提升，实现新旧交融，让建筑外部和内部空间都焕发新生。

（1）建筑空间改造提升。采用空间分割法，对原有厂房竖向空间进行分割，同时保留原厂房钢框架作为外围护结构装饰，内部新建外墙、屋顶、外窗等围护结构，提升空间使用效率；植入共享空间，结合景观设计打造一个生态长廊、一个艺术长廊，补充场地公共活动空间，提升空间使用体验；模拟分析手段优化改造方案，运用软件模拟手段对中庭区域的采光、通风、太阳辐射得热等物理环境条件进行模拟分析，并基于模拟结果优化方案设计。

（2）场地功能改造提升。居住人群为科研工作者，在室内装修上，将公寓式办公风格调整为舒适温暖的居家风格，考虑到主要居住人群为科学家且需长期居住，增加储存空间、书架，并增加长虹玻璃隔断，将原有空间进行分割，既能满足会客需求又能保护隐私；在室外布置上，在原有传统绿植＋铺装景观的现代工业风景观基础上，增加科技元素和休闲活动空间，充分利用建筑内部空间营造生态小环境，发挥植物生态效应，营造绿色空间。

（3）建筑性能优化提升。一方面，优化提升环境品质，在公寓内餐厅、健身房等人员密集的公共区域设置CO_2、$PM_{2.5}$浓度监测系统，实时监测室内污染物浓度，确保健康的室内环境。公寓外，监测室外温度、湿度、风速、降雨量、$PM_{2.5}$、噪声等，并对监测数据进行实时发布、展示，方便用户生活。另一方面，优化能源节约，空调系统采用适合北方地区寒冷气候条件的低温空气源热泵系统，集中供冷、供热。给水系统使用高用水效率的节水型器具，节约生活、绿化浇洒用水量。应用风光互补路灯、太阳能灯杆等可再生能源电气设施，将绿色低碳设施与景观小品相结合，既低碳环保，又增加场地的互动体验，提升场地人文气息。

3）项目实施模式经验

项目针对如何平衡产业空间和居住空间的问题，对低效产业园区内部的两个地块项目进行更新改造，主要有以下创新性经验。

（1）多功能空间规划和策划。通过系统的空间设计，确保园区内部分区域兼顾灵活性与多变性，以满足产业人员工作和居住的多层次、多维度需求。这不仅包括专业实验室和办公区域，更涵盖休闲、社交、娱乐等多功能场所。通过合理布局，使园区空间在保持高效办公的同时，提供丰富的社会和文化活动场所，促进工作和生活在园区内的有机结合。

（2）生态宜居环境的设计。将自然元素有机融入园区更新计划，其中包括绿化、景观规划等，注重提升整体宜居性。通过营造绿色生态环境，提供既宜于高效工作又能享受舒适生活体验的空间。此生态宜居环境的创造不仅仅强调建筑外部景观，更关注内部生活细节，通过生态元素的融入，形成一个可持续发展的科研、生产和生活社区。

（3）优化交通便利性。更新过程中，需要确保园区内外的出行能够更加方便快捷。通过精准的交通网络规划，旨在打破职业和居住之间的时空隔阂，从而提高整体工作效率。考虑到科研人员的特殊需求，不仅强调便捷性，更关注交通规划的灵活性，以应对科研项目的多样性和复杂性。这一优化交通便利性的措施有望为科研人员创造一个更为便利、高效的工作与生活平台。

2. "高新科技型"产业园区更新：以经开区"星网北汽蓝谷"项目为例

1）项目基本情况

"星网北汽蓝谷"项目位于北京经济技术开发区东环中路5号，园区占地10.99公顷，建筑面积13.45万平方米。园区原为诺基亚手机配件生产基地，2000年以土地作价参股形式引入诺基亚及上下游企业组成星网公司。2014年，微软收购诺基亚，将诺基亚位于星网工业园的工厂迁离经开区，导致工业园闲置。诺基亚业务搬离时，经过多轮谈判完成星网公司及园区收购，并将其变更为经开区"城市更新"国有平台公司（现北京亦庄城市更新有限公司）（表4-6）。

经开区"星网北汽蓝谷"项目基本情况表　　　　　　　　表4-6

项目名称	经开区"星网北汽蓝谷"项目
实施主体	北京亦庄城市更新有限公司
运营单位	北京亦庄城市更新有限公司、北汽蓝谷新能源科技股份有限公司
实施模式	"高新科技型"产业园区更新模式
实施内容	将园区老旧产业升级转化为新能源汽车产业
资金来源	自筹资金
收入来源	租金收入、物业服务收入、配套服务收入等
典型经验/启示	①土地作价参股促进合作机制 ②国有平台公司运作推动资源整合 ③项目更新与国有平台公司协同推进

2）实施过程

园区属于政府主导下、以企业运作方式开展的更新，不增加建筑规模、不涉及拆除重建，在对原有的生产厂房、研发中心和总部办公楼翻新后，以修缮改造方式开展更新升级，引入规模需求相当的企业（图4-11）。与此同时，北京亦庄城市更新有限公司作为更新主体在经开区内推进20余项更新工作，配合管委会创新探索、积极推进以产业升级为核心的城市有机更新模式。2018年，在北京市和经开区的产业统筹下，北京亦庄城市更新有限公司以土地及房产作价入股方式引入北汽蓝谷新能源科技股份有限公司，成为北汽蓝谷的第六大股东。2019年，北汽蓝谷实现营业收入235.89亿元，销量15.06万辆，连续七年保持中国纯电动汽车销量第一。

3）项目实施模式经验

（1）土地作价参股促进合作机制。在低效产业园区更新中，首要机制是通过土

图4-11 "星网北汽蓝谷"项目的外观和内部空间

地作价参股形式建立合作关系。这种机制促使产业园区与各类企业形成联合体,共同组建公司,实现共同治理和经营,推动资源共享和共同发展。

(2)国有平台公司运作推动资源整合。项目采用以平台公司为基础的多主体合作模式,其定位是服务于行业和城市发展进程,通过提升原有产业的类型和水准,致力于打造以高新科技为核心竞争力的产业园区。国有平台公司的运作成为促进闲置低效园区和工业用地高效利用的关键手段。利用国有平台公司的优势,通过灵活的资源整合和融资策略,助力协调产业园区内各类资源,提升土地开发强度和空间使用效率。

(3)坚持"工改工"。经开区作为高精尖产业功能区,土地资源是产业发展的关键要素,在城市更新过程中坚持"工改工",在不改变工业用地性质的前提下,明确产业导向和入区标准,实现存量产业用地高起点、高标准循环利用。该项目坚持工业用地用途不变,通过城市更新拓展产业空间,服务不同时代下优质企业的产业发展需要。

四、传统商业设施项目典型案例

1. "消费场景升级型"传统商业设施更新:以"望京小街"项目为例

1)项目基本情况

"望京小街"位于北京朝阳区望京片区临近机场高速大山桥西侧,北连望京街,南通阜荣街,全长360余米,宽约40米,南北两侧为万科时代中心和方恒购物中心(表4-7)。

望京小街项目基本情况表　　　　表4-7

项目名称	望京小街项目
实施主体	北京市朝阳区人民政府望京街道办事处、北京万旄企业管理有限公司
相关单位(政府部门)	北京市朝阳区人民政府望京街道办事处
运营单位	北京万旄企业管理有限公司、北京戴德梁行物业管理有限公司
实施模式	"消费场景升级型"传统商业设施更新模式
实施内容	商圈产业升级
资金来源	政府资金、企业自筹资金
收入来源	经营收入
典型经验/启示	①"政府+企业+社区"的共建共治共享 ②"空间+内容"的消费场景焕新

在经历2年多的规划设计以及5个月的改造施工后,"望京小街"在2021年8月重新亮相,以时尚、艺术、国际化的特色成为北京最热门的商圈之一,完成了从"脏乱差"到"新地标"的改造提升。该项目获得2021年亚太优秀项目,2022年被评为首都文明街巷、首届北京城市更新最佳实践(图4-12)。

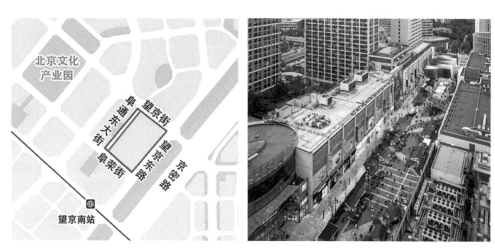

图 4-12 "望京小街"项目的区位和环境

"望京小街"建成于2007年,改造前的小街整体空间愈渐老旧,商业形态与当前的实际需求发生错配。小街道路日渐破损、加之日均400辆共享单车的无序"蹲点",外卖快递车分秒必争的飞驰,导致基本的通行功能无法实现,严重影响周边商业的可达性;而小街两侧分散的产权,近千家商户以及附近庞大的人口基数,更为小街的软性界面改造增添了难度。在商业业态、空间管理、服务品质等方面,小街与望京地区整体的氛围及周边居民的需求差距越来越大。

2)项目实施过程

2020年,朝阳区采用"政府投入+社会资本"的多方共建模式,与万科、方恒共同开展街区更新,由望京街道办事处出资1300万元改造小街的基础设施硬件,万科投入3500万元提升小街环境和智慧化等软件水平,带动了区域整体的空间及业态升级,打造了集购物、休闲、餐饮、商务、住宿等业态于一体的多元消费空间,一开街就成了北京新的网红地标,形成了独具特色的"望京小街"商圈(图4-13)。

3)项目实施经验

(1)"政府+企业+社区"的共建共治共享。为解决"望京小街"涉及产权主体复杂和更新涉及利益方数量多的问题,望京小街实行三方协作,有机融合,同策同

图 4-13　改造前后的"望京小街"对比

力解决问题。在团队架构上,望京街道以万科、方恒为重点,建立以党建协调委员会为核心,小街自治委员会为支撑,商户自治联盟和流动党员党支部为补充的治理架构,将望京小街产权方(企业)、管理方(职能部门)、使用方(商户、居民、消费者)有机融合。在公共资金投入上,望京街道将原来用于做更大区域的资金集中到这个区域,通过政府资金投入撬动社会资本合作。万科出资与街道合力改造了区域的公共空间,方恒逐步腾出地下空间近一半的超市面积,释放出大量的机动车停车位,以解决机动车停放问题。

(2)"空间+内容"的消费场景焕新。望京小街以景观缝合街区,首先将交通性的道路进行了功能转变,从通行性道路变成以步行为主的道路;其次是增大公共空间,将万科时代中心的中庭释放出一部分空间并变成公共的开放空间;同时将两侧商业街增设外摆区域,拓展商家经营界面,营造活力商业氛围,并统一升级了店招设计，使物质空间（商业设施）和文化空间（高品质消费氛围）在同一地点得到深度融合。

2."潮流消费定位型"传统商业设施更新：以"西单更新场"项目为例

1）项目基本情况

"西单更新场"项目坐落于北京市核心区，位于西单北大街与长安街交会处东北角，作为重要城市更新工程，旨在疏解非首都功能、优化核心区功能、实施减量提质，以提升西单地区的商业品质（图4-14）。该项目前身为北京西单文化广场，于2018年启动升级改造，2019年完成了沿长安街段的工程。最终，于2021年4月27日，西单文化广场升级改造项目如期竣工，改造为"西单更新场"（表4-8）。

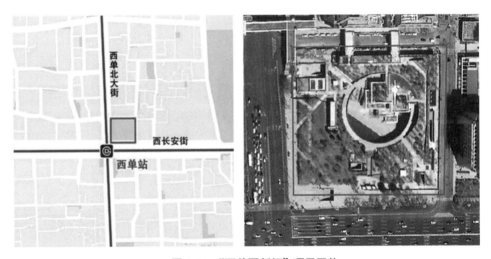

图4-14 "西单更新场"项目区位

西单更新场项目基本情况表　　　　　　表4-8

项目名称	西单更新场项目
实施主体	华润置地（北京）股份有限公司
运营单位	华润万象生活商业华北大区
实施模式	"潮流消费定位型"传统商业设施更新模式
实施内容	以"增绿""联通""传承"为引领，打造下沉广场和地下商业空间
资金来源	政府投资、企业自筹
收入来源	经营收入
典型经验/启示	①资源优化与重组 ②交通可达性与多功能复合体设计 ③重视产业结构升级，引进独特品牌

改造后的项目由公园式休闲空间、环形下沉广场以及地下商业空间组成,在设计理念上突出"增绿""联通""传承"这几大核心要素。项目的定位以"青年、文艺、潮流"为关键词,引入大批首店、概念店等具有特色的商铺,与西单商业街区内的其他商场品牌形成鲜明的差异。此外,项目采用创新的空间设计,突破了自然、商业和艺术之间的界限。"西单更新场"的更新过程秉承了产业类城市更新中的核心理念,如"提质增效",在保留了西单文化广场原有的部分业态基础上,创新地集中新业态,打造新消费场景。

2)项目实施过程

在政府明确制定的更新方针指导下,华润公司采取了一系列措施,对该项目楼宇进行了轻量化改造。首先,将原有的地下四层商业空间(总建筑面积约4.3万平方米)改建成为两层商业和一层停车场,总建筑面积减少至3.5万平方米。此外,项目还将原有的3万平方米低端商业空间精简至1.2万平方米,其中6000平方米可租赁物业,形成精致的小型商业中心。

其次,贯彻"田园城市"理念,项目规划了覆盖1.12万平方米的绿地,致力于创造一个动静相宜的城市生态空间。通过微地形的精心设计,旨在构建近似自然状态的"城市绿肺"。比如在广场内,通过设计差异化的树种和景观小品,引导人们体验"健步""慢行"和"休憩"三种不同的观赏节奏。

再次,项目还适度增加了公共服务功能,如增加停车位,以缓解周边地区停车难的问题。项目还遵循TOD(Transit-Oriented Development)模式理念,将广场与地铁1号线西单站的A口和B口相连接,并与4号线F口实现了连通,消费者可以直接抵达广场地下一层,并游览环形街区的各类店铺。

最后,虽然项目淘汰了之前众多集散小商品摊位,引入了一系列青年更热衷的新品牌,并以文化创意为主题,重新调整了商业业态,但是其仍旧延续着潮流向新、爱玩尝鲜、与众不同的西单气质(图4-15),从而在西单商圈内塑造了独具特色的差异化商业区域,也提升了本区域的城市功能。

改造更新之后,"西单更新场"的商业完成了全面升级,商业效果出众。项目成功引入了37个品牌,其中约62%的品牌具备"首店"概念,这些品牌包括全国最大的旗舰店HARMAY话梅、内地首家高能级门店STUDIOUS,以及华为在该商城布局的旗下最高级别门店MSC等。同时,还引进了来自日本的芝士蛋挞品牌BAKE等。这一举措彰显了项目"青年潮流发生地"的定位,也精准地满足了当代年轻消费者的需求。

图 4-15 "西单更新场"内部环境

据统计，项目吸引了每日约 2.5 万名顾客，首月每平方米坪效超过 6400 元，位居华润置地体系的首位。项目中约 50% 的店铺在首月成为全国销冠，进一步彰显了该项目在商业领域的独特吸引力。这一商业模式的成功实践为城市更新领域提供了有益的经验，尤其是在零售、餐饮和休闲娱乐等领域，为城市更新项目的商业运营提供了可行的模式。

3）项目实施经验

（1）强化项目定位，引进独特品牌。项目强化了以年轻潮流消费为主要定位，以"青年""文艺""潮流"为关键词，引入差异化的首店和概念店铺，塑造了特色的文化氛围，为项目增加了吸引力。这也为老旧楼宇的更新提供了一种吸引年轻人和特定消费者群体的策略，突出了项目的"扩容消费群体导向"特点。

（2）资源优化与重组。项目成功进行了已有资源的优化配置和重组，通过精简原有低效商业空间，将土地资源用于更高效的绿地景观打造与公共服务配套，提高土地的经济效益。项目的资源和功能重组由华润置地和西城区园林局共同完成。前者负责西单文化广场的整体改造,后者则专注于地面部分的园林绿化工作。更新后,地面空间全部被绿地所覆盖,商业综合体则隐藏在绿地之下。

(3)交通可达性与多功能复合体设计。项目的多功能复合体设计通过减量、增绿和提质,实现了绿地、商业和公共服务的有机结合,充分满足不同人群的需求,提高了商业设施的社会和经济价值。并且,该项目采用TOD模式与地铁站的连接和交通规划协调,提高了项目的交通可达性。这与城市更新理念中的交通导向发展相契合,可作为其他商业设施更新项目的模板。

小 结

随着全球化和科技进步的加速,传统产业机构面临着深刻的变革。产业类城市更新成为推动经济转型的关键环节。随着一系列配套细则文件的出台,产业类城市更新的实施路径已明确,资金支持政策体系更加完善,各项配套政策持续健全。实践中,由于历史原因导致的权属、主体、规划等问题依然复杂,往往对项目的推进造成掣肘,需要实施主体在实践中进一步探索创新,打造样板。

第五章

公共空间城市更新

城市公共空间是城市空间环境的重要组成部分,承担着生活、交通、文化等多项功能,是城市风貌和品质提升的关键内容。作为推动城市更新的重要抓手,城市公共空间的营造是落实高质量发展要求、促进基层治理创新,推动"人民城市人民建、人民城市为人民"的有效途径。

第一节 公共空间理念与行动

公共空间的本质是一种公共物品,具有公共可达性、公益性、人性化等特征,是城市环境中供人们集会、交往、休闲和活动的共享区域,承担着促进社会凝聚力、提高城市文化表达、提升市民生活质量的重要作用。

一、国际理念与行动

20世纪80年代开始,由于公共设施等方面的财政投入被控制和削弱,造成了公共空间品质衰败、数量下降及普遍的私有化等问题。伦敦政府在继续推动城市转型的基础上,明确将城市设计作为制定城市战略、解决城市问题的重要抓手来提升公共空间的品质,并先后推行了"100个公共空间计划"(100 Public Spaces,2002)、"伦敦优秀户外空间计划"(London's Great Outdoors,2009)等城市战略,通过城市公共空间的建设,有效地提升了城市的形象。

作为典型的全球化城市,纽约也通过对城市公共空间的设计改造解决了一系列的城市问题。2011年,为解决滨水区被用于工业和商业开发,导致公共可达性不足、环境质量下降的问题,纽约市政府发布了"2020愿景:纽约市综合滨水计划"

（Vision 2020：NewYork City Comprehensive Waterfront Plan），制定了详细的实施策略和项目库，提高滨水区的公共可达性、活力、环境质量以及经济贡献。针对城市公园，纽约提出了"无边界公园"（Parks Without Borders）战略，通过设计开放的入口、步道、桥梁等连接设施，使公园与城市街道、社区、商业区等无缝衔接，与城市生活更加紧密地融合。

2011年联合国人居署理事会通过了《关于通过发展公共空间实现城市可持续发展的第23/4号决议》，意味着公共空间在城市规划和发展中的重要作用得到了认可。2013年罗马第二届公共空间双年展城市论坛上通过了《公共空间宪章》，宪章明确了公共空间品质提升与使用的普遍原则。2015年联合国人居署发布了《全球公共空间工具手册》（Global Public Space Toolkit），指出公共空间是所有公共拥有或公共使用的场所，所有人免费获得和享用，没有任何营利动机。2016年世界城市和地方政府联合组织（UCLG）推出了《公共空间政策框架》，从立法管理、社会权利、经济效益、文化特色及可达性、都市农业、科技手段等多个角度对公共空间政策进行探讨，相关内容成为第三届联合国住房和城市可持续发展大会（简称"人居三"）的重要议题。

二、国内理念与行动

在新型城镇化的战略引导之下，我国城市化正全面推进，城市发展不断转型，每个城市所面临的城市公共空间治理问题各不相同。随着国家层面行政改革日益深化，城市更新相关制度条例颁布实施，各地政府陆续制定了涉及公共空间的标准规范与政策法规。

深圳市自2007年陆续出台《深圳市规划局详细蓝图编制指引》《深圳市城市规划标准与准则》《深圳市城市更新办法实施细则》及《深圳市城市更新单元规划容积率审查技术指引（试行）》等规定，从规划编制、制度设计等范畴保障了公共空间的权益。

上海市近年来出台了《关于加强黄浦江两岸滨江公共空间综合管理工作的指导意见》《黄浦滨江公共空间综合管理试行办法》和《黄浦江两岸地区公共空间建设设计导则》《上海市黄浦江苏州河滨水公共空间条例》等区域层面的公共空间治理细则，更针对私有空间的公众使用设置容积率奖励政策，并编制《上海市街道设计导则》等多项技术指引，为各地公共空间建设提供了有益的经验借鉴。

其他省市地区，也积极通过立法或政府规章的形式，对部门管理权责和建设项目中的公共空间配置标准、规划审批流程等事项提出了规范性要求，如《陕西省城市公共空间管理条例》和《成都市建设项目公共空间规划管理暂行办法》等。

第二节　公共空间的北京实践

在面向高质量发展和高品质生活的新时代，北京市在制度建设、实践探索、论坛交流等方面完成了一系列公共空间提质工作。2017年以来，北京市在中心城区及通州区深入实施城市公共空间改造提升示范工程，已累计推动实施100余个市级试点项目。随着朝外片区示范段公共空间、京张铁路遗址公园、八角新乐园等一批设计巧妙、亮点纷呈的项目建成开放，闲置地"变身"为居民喜闻乐见的休憩、健身、交往、活动场所。

一、通过试点工程形成示范效应

2017年，北京市发展改革部门启动"城市公共空间改造提升示范工程"，制定了详细的试点工作方案，并在东西城启动10个试点项目，总结试点经验后，逐步向有条件的其他区域拓展。2018年，北京市发展和改革委员会、规划和自然资源委员会、城市管理委员会等联合制定了《城市公共空间改造提升示范工程试点工作方案实施细则》（京发改〔2018〕2002号），明确界定了城市公共空间的定义"城市公共空间指可达性良好、尺度宜人，以步行为主的场地、相关设施及相邻建筑（构筑物）"。从工作程序、资金支持等方面进一步细化完善了工作标准和要求，并明确对列入计划的公共空间改造提升项目由市政府固定资产投资全额予以支持。2019年，市相关部门联合出台了"三年行动方案"，提出按照"三年分步走"计划，从标准体系构建、项目库建立、方案组织、部门联审、资金支持、实施验收、运维评估等方面提出具体行动计划，搭建公共空间从规划设计、审批施工到管理维护的全过程平台，形成改造提升长效机制。2020年，在市级主管部门的支持下，由北京市属高校和国有企业合作成立了公共空间研究中心，致力于推进北京市的城市公共空间营造和品质提升，开展相关领域的研究、实践、推广工作。在减量发展新阶段，北京城市公共空间打造正向着提升品质、完善功能、便民服务的方向稳步发展。

二、重视前期规划与设计

北京城市公共空间改造提升工作全面落实各层级规划及城市设计导则对公共空间的控制和引导要求，希望通过优秀的设计方案使公共空间更为高效、有活力。一方面，坚持"经济、适用、绿色、美观"的设计理念，注重与街区整体风貌的协调和统一、注重文化内涵的挖掘和彰显、注重公共空间的可达性和系统性；另一方面，坚持"以人为本"的设计宗旨，切实从使用者需求出发，关注改造后的便利性和舒适性，在设计阶段前置考虑后期运营，通过巧妙设计来营造空间。

2018年8月，北京市东城区组织开展"'我们的街区'——东城区崇雍大街沿线公共空间规划设计概念方案邀请赛"，参赛作品致力于寻找如何在存量规划背景下回应城市治理要求的途径，在保护老城物质和人文结构的条件下，提升街道空间的生活品质和环境品质、商业品质。2018年9月，北京市启动"北京公共空间城市设计大赛2018"，在全市中心城区和城市副中心范围内选取了10个具有一定代表性、公众实施意愿较强的地块组织竞赛，面向全社会收集了500余份作品，号召更多公众关注城市公共空间出谋划策。

三、强调全过程公众参与

北京城市公共空间改造提升工作充分发挥责任规划师制度作用，确保项目紧密贴合居民实际需求。在试点项目的全链条中，从策划构想到调研摸底，再到设计优化与后续运维，北京始终强调公众参与的重要性，推动两者深度融合，每个示范工程试点项目前后需进行至少四轮调研。首先是现状调研，摸清居民的需求和空间的特点；其次是民意征求，了解居民对设计方案的意见；再次是公众参与，将修改后的方案向居民宣讲，并展开座谈，确保老百姓都对自己家门口将要发生的改变知情；最后是征求民意的公示。通过深入调研，示范工程累计征集公众需求建议逾60万条，使这些真实声音成为设计方案的核心依据，最终目的是打造居民满意的"我们的公共空间"。

四、推动建立规范导则

在一系列精彩纷呈的公共空间落成的同时，相关部门及时梳理总结示范项目的实施经验、跟踪新材料新技术的应用情况，积累了大量宝贵经验，并先后出台《北京街道更新治理城市设计导则》《北京历史文化街区风貌保护与更新设计导则》《城市公共空间设计建设指导性图集》等技术规范导则。这些举措为全市公共空间改造提升提供了明确的标准参考，有力推动了城市环境的持续优化。

《北京街道更新治理城市设计导则》在价值导向、技术方法、制度设计和治理转型等方面全面思考，探讨综合提升街道设计与治理水平的有效手段。《北京历史文化街区风貌保护与更新设计导则》作为北京市各历史文化街区进一步制定街区层面详细规划或设计导则的基础和参考依据，明确了北京市历史文化街区内各类保护要素及其保护方式，规范、引导了历史文化街区内各类建设行为，促进了历史文化街区保护规划的深化与落地实施。

第三节　实施流程和审批程序

北京市每年组织开展城市公共空间示范工程试点项目征集和申报工作，各区广泛征求居民需求后，将意向项目上报市级部门，同时组织各街道乡镇开展前期调研、方案设计等工作。市级部门根据项目储备情况、成熟程度，对拟支持的试点项目进行评估后，组织实施。

一、前期申报准备

街道乡镇结合12345热线中居民重点关心的关键点位，确定一批有改造提升必要性的候选区域。通过自行调查或委托专业机构等方式，开展社区居民、驻地企业等的需求调研工作，确定项目改造提升的可行性。结合区域发展方向和基本思路，明确项目范围，开展前期设计工作。完成前期调研、设计等工作后，街道乡镇将相关成果上报区级主管部门，区级主管部门负责统筹全区项目征集和储备情况，初步审核项目方案设计情况后，将全区征集项目提请区政府进行审议。区级审议要求各项目涉及的行业主管部门均应参会，同时应明确项目建成后的运营与维护主体。

二、项目入库评估

各区将审议通过的项目上报市级主管部门，市发展改革部门、规划部门、城市管理部门根据城市公共空间改造提升试点相关要求对各区申报项目进行审查。符合试点要求的项目将统一列为北京城市公共空间改造提升试点项目，并纳入政府投资项目储备库。入库项目需由项目实施主体组织继续深化设计方案，并开展实施方案编制工作，实施方案要求达到初步设计概算深度。市级主管部门委托专业机构对项目实施方案履行评估程序，评估完成后组织多方联审会，审议通过的项目将予以市政府固定资产投资全额支持。

三、项目运营维护

项目运营过程中统筹街区综合治理，制定公共空间运行维护方案，细化、落实公共空间管理措施，切实做到公共空间治理水平持续提升。在项目投入使用前，各部门协同明确项目落成后的运营维护单位、运营维护管理模式及具体保障措施。由运营维护单位负责巡查、监督，定期或不定期通报公共空间问题，重点节假日及重大政治活动前开展联合检查综合治理。对于可能的突发公共卫生事件，制定应急响应预案，根据级别快速、及时处置，确保公众卫生安全。城市广场、交通枢纽等节点周边规范非机动车停车，增加禁停标识（立面、地面），对接共享单车企业，细化共享单车运营网格划分，强化公共空间的秩序管控。

第四节 典型案例实践

北京市已实施的试点项目有四个主要特征：一是，空间开敞，强调公共交往功能；二是，公共属性，所有市民都可以使用；三是，可达性好，交通条件便利，与区域慢行系统有机结合；四是，运营主体明确，注重全生命周期。试点项目的征集类型随着城市的发展和建设而不断变化，包括片区更新类项目、铁路沿线/地铁周边公共空间改造提升类项目、城市会客厅类项目等。

一、片区更新类项目

以片区整体规划为引领，聚焦产业发展滞后、民生短板突出、环境品质低下的街区，以公共空间系统性、精细化改造提升为抓手，统筹公共空间改造和功能业态升级，统筹政府投资和社会投资，推动片区城市更新。建设规模及辐射范围较大，改造空间一般成网成片，对所在片区的活力提升、民生改善、业态发展等方面能够起到带动作用，并有助于推动部门协同与撬动社会投资。

片区更新类项目，以朝外片区更新示范段公共空间改造提升项目为例（表5-1）。

朝外片区更新示范段公共空间改造提升项目基本情况表　　表5-1

项目名称	朝外片区更新示范段公共空间改造提升项目
实施主体	北京昆泰控服集团有限公司
运维主体	北京市朝阳区城市管理委员会
实施模式	政府主导
实施内容	提升公共空间风貌，营造艺术文化美学街区
资金来源	公共空间部分为政府投资
收入来源	暂无
典型经验/启示	①坚持规划引领，把握城市活力创新中心定位，产城融合激发区域发展活力 ②创新片区更新"朝外模式"，形成可复制推广经验 ③政府资金投入公共空间改造，撬动社会资本投资意愿

1）基本情况

朝外大街位于朝外商圈核心，东、北分别与中央商务区、三里屯商圈相接，地理位置优越，交通优势明显。历经三十多年的发展，随着周边众多商圈兴起，沿线的公共空间愈显陈旧，商业氛围日渐失色。2021年初，在市区统筹领导下，北京朝阳文旅发展集团有限公司（以下简称：朝阳文旅集团）与上海盈展集团（以下简称：盈展集团）合作，以产业商业升级为导向对朝外片区城市更新进行策划布局，并将更新改造内容拓展至街道、广场，明确了朝外大街沿线商业办公楼宇与公共空间整体规划、联动更新、分期实施的片区更新思路。

改造范围以朝外大街、朝外南街和神路街、工体南路、芳草地西街"两横三纵"为骨架，串联沿线商业楼宇，总占地面积约20公顷，辐射周边2平方公里。其中，公共空间部分改造内容包括道路沿线空间、神路街东侧停车场、朝外大街地下通道、边角地等区域（图5-1）。

图 5-1　项目区位图

2）实施成效

提升公共空间风貌，营造艺术文化美学街区。神路街东侧近 5500 平方米的停车场变身东岳文化广场，方砖青石、喷泉灵动，数百年的琉璃牌楼展露新颜，再现"东岳庙—神路街—日坛"这一重要的城市历史景观脉络。朝外大街地下通道实施消隐改造，利用墙面进行文化展示，打造北京首个约 850 平方米的地下艺廊；全长约 200 米的最美胡同将在焕新后的朝外片区陆续亮相。在惠民百姓方面，通过城市更新实现片区内交通优化，拓宽人行步道，打造慢行街区的同时，结合场地特色，片区将边角地改造成为社区花园、林荫休闲空间、打卡地等可供居民、行人休憩活动的场所。

3）创新经验

坚持规划引领，把握城市活力创新中心定位，产城融合激发区域发展活力。项目前期联合专业机构共同研究更新方向，锚定建设国际消费中心城市和朝阳区功能定位的要求，从商业业态、公共空间环境等方面与北京商务中心区、三里屯地区等形成差异化发展。制定分步实施的更新计划，通过前期标杆性商业焕新和公共空间提升，配合后续改造升级，高效推动片区更新。

创新片区更新"朝外模式"，形成可复制推广经验。项目探索建立以公共空间改造和功能业态升级带动片区整体更新的有效模式，形成规划引领、民生优先、政府统筹、国企平台、多元合作的可复制、可推广的片区更新实施经验。更新改造过程中，市区两级政府高位统筹，多次召开专题会，协调各委办局和各实施主体，压紧压实改造工作。前期重点把握更新改造方向，作出片区更新的决策并审定方案；

过程中根据项目推进需要,及时协调各部门解决难点问题。朝阳文旅集团作为改造片区内最大产权主体,充分发挥国企示范引领作用,强化楼宇自主更新效能,并与专业化运营主体盈展集团高效合作,提升商业空间改造品质,同时承担公共空间改造任务,确保片区更新的整体性。朝外街道依托"街道吹哨、部门报到"机制,上下联动,结合多元主体诉求,组织推动日常改造工作,实现街区整体品质提档升级增值。

项目形成了政府投资带动、自主投资改造、引入社会资本参与,以及带动周边多主体投入的多维度投资模式。其中,政府投资主要用于公共空间改造,对于撬动社会主体投资起到积极的促进作用。

二、铁路沿线/地铁周边公共空间改造提升类项目

激活铁路沿线灰色空间再利用,织补和完善城市功能。以"站城融合"理念提升轨道交通站点周边交通接驳水平,增补便民服务设施,优化站点周边空间利用。铁路沿线/地铁周边公共空间改造提升类项目,以海淀区京张铁路遗址公园(一期)项目为例(表5-2)。

海淀区京张铁路遗址公园(一期)项目基本情况表　　表5-2

项目名称	海淀区京张铁路遗址公园(一期)项目
实施主体	北京市规划和自然资源委员会海淀分局 北京市海淀区园林绿化局
运维主体	北京市海淀区公园管理中心
实施模式	政府主导
实施内容	绿地和公共空间建设
资金来源	政府投资
收入来源	配套服务收益
典型经验/启示	①打造共建、共治、共享的"众治"平台 ②建立多部门高效统筹协调机制 ③创新路地合作模式 ④以公共空间带动城市更新

1)基本情况

京张铁路建成于1909年,是第一条由中国人自主设计建造的国有干线铁路,见证了中国城市百年变迁。随着城市发展建设,沿线城市空间被割裂,存在风貌较差、交通不畅、产业低端、缺乏活力等问题,与其所在的中关村地区科创资源集聚

的突出优势不相匹配。2016年，北京冬奥会配套工程京张高铁正式开工建设，京张铁路自此由"城市背面"开启华丽转身。本项目规划建设为全长约9公里的京张铁路遗址公园（图5-2）。

图 5-2　京张铁路遗址公园鸟瞰图

京张铁路遗址公园采取化整为零，因地制宜，分期、分段方式实施。在2019年"五道口启动区先行先试"和"贯通概念方案国际征集"等工作基础上，优先选取清华东路至大运村足球场长2.4公里、约16.8公顷的区段作为一期先行实施，建设成为南北贯穿中关村地区，集"历史传承、开放共享、凸显科创、集约利用、绿色生态"五大特点于一体的带状公共空间。2023年6月，公园一期投入使用。

2）实施成效

随着公园一期建成，中关村区域城市环境风貌大幅提升，原"城市背面"转变为绿意盎然、活力无限、科技与文化交相呼应的城市公园。

（1）开放共享，缝合城市空间。原先受铁路阻隔形成的多处东西向"断头路"，通过拆护栏、围墙，打破了原有封闭区域的禁锢，打开了用地边界，新增了城市道路连通东西，打造了跑步道、漫步道、自行车道"三道一绿"的慢行空间，实现了东西南北四个方向空间的弥合。公园新建1座标准足球场、1座五人制足球场、2座篮球场等体育设施，蹦床、攀爬网等儿童活动设施，以及1处充满科技感的智慧健身广场，打造服务周边街镇、高校院所和居民的全龄友好空间。

（2）历史传承，展示铁路文化。公园充分挖掘铁路历史文化，发掘并恢复部分老京张铁路正线和道口，将京张铁路特有的"人字坡"设计、京张铁路修建时发生的历史故事融入场所设计和户外历史展示设计中，利用沿线旧铁轨、道岔、机车等铁路元素，设置火车声响互动装置、火车转盘景观，充分传承与展示铁路文化，彰显铁路文化特色，唤起市民的"京张记忆"，成为天然的京张铁路户外博物馆。

（3）凸显科创，补充配套服务。发挥高校、科创企业集聚优势，打造海淀科创特色，搭建科创展示平台。以火车货运车厢为原型，印有公园专属标志的移动盒子，能在铁轨上移动，通过移动外罩和开启侧扇自由组合，根据不同场景，为公园提供简餐、文化展览、科创展示等多种配套服务。

（4）集约利用，盘活闲置空间。将13号线桥下空间纳入公园设计，利用北四环北侧桥下腾退空间打造儿童活动沙坑、休闲活动广场等文化交流互动场所，推动低效土地再利用。

（5）绿色生态，打造城市绿廊。秉承绿色生态理念，创新利用步道空间蓄存雨水，实现雨水高效排蓄、再利用；运用特色乡土植物，打造低维护景观，提高生物多样性水平。原用于火车通行的北四环铁路桥，改造为横跨四环的"日落客厅"，增加了绿廊中一处远眺西山的观景点，成为从三山五园骑行而来的游人的停靠站点。

3）创新经验

（1）打造共建、共治、共享的"众治"平台。项目推进过程中充分利用新媒体优势，扩大社会影响力，汇集跨领域专业力量、高校师生、社会公众"众智"，探索打造共建、共治、共享的"众治"案例，并依托"北京规划自然资源"和"北京海淀"平台进行公众宣传。围绕项目启动研究、13号线设计畅想、启动区亮相、国际方案征集发布及成果投票、一期实施建设及开放等主题，共发布公众号文章40余篇。2019年，组织开展了"京张铁路遗址公园贯通概念方案国际征集"，邀请了11位跨学科领域权威专家进行评审，并同步开展网上公众评选，新华社两次报道浏览量破百万。同年，汇集高校和公众力量，在"2019北京国际设计周"期间，组织"海师·海诗"主题展览，联合清华、北林、北交三校举办京张设计联展、"林交精彩夏"暑期高校工作营、五道口城铁站一体化等系列公众参与活动30余次，吸引了超过10万人次参观。

（2）建立多部门高效统筹协调机制。京张铁路遗址公园涉及主体多元，同时在规划建设过程中受到铁路专家、媒体和公众的广泛关注，为建立高效的协调统筹机制，在项目初期建立专班，以市规划和自然资源委员会海淀分局与海淀区园林绿化局为主体，涵盖所有与遗址公园相关的区级职能部门、所在地企事业单位、街道社区等,统筹轨道13号线扩能改造、明光村更新等重点项目,与铁路、京投等部门就用地权属主体、在途项目对接、实施时序协同、后期运营管理等方面统筹推进达成共识;就遗址公园实施的具体问题进行协调,包括违建拆除与场地破拆、在途项目对接与规划统筹、需求对接与方案深化、施工建设与运营管理等工作。在一期实施建设过程中,在市区多部门及铁路、京投等单位及沿线街镇的共同努力下,累计拆除地上物6万多平方米,破拆场地9.3万平方米。

（3）创新路地合作模式。京张铁路遗址公园用地权属多元,主要为京张高铁入地后释放出来的原铁路地面空间,是铁路方的权属用地。在规划研究过程中,经过多次沟通对接,2021年中国铁路北京局集团有限公司与海淀区正式签订土地使用协议,完成京张铁路遗址公园范围内涉及的铁路用地授权。协议明确,在不改变用地权属的前提下,将约13公顷的铁路权属用地的地面空间免费授权海淀区,用于绿地和公共空间建设。公园实施建设过程中,铁路方积极配合,拆除地上物腾退场地,提供铁轨等铁路设备物资支持,助力公园更好展示和传承京张历史文化,保留铁轨等铁路元素,做好铁路遗址保护。

（4）以公共空间带动城市更新。公园前期规划建设基本以政府投入为主,为缓解运营压力,创新探索合作运营模式,依托专业运营团队,与园林绿化合作运营,将京张运营品牌化,创新"城市合伙人"。将沿线主体单位吸纳成为基于历史文化底蕴、科创特色表达、运营管理共享等"京张共识"的"城市合伙人",全过程参与实施运营。随着公园一期正式开放,贯通海淀南北的公共空间骨架等逐步实现。

为进一步推动城市功能、城市面貌和区位价值提升,实施主体正在结合周边项目开展城市更新研究,梳理周边具有更新潜力的机遇地块,统筹规划,推动区域整体更新。目前,中坤广场改造和五塔寺、明光村等片区城市更新项目陆续落地实施,西郊冷冻厂改造、地铁13号线扩能改造、京张铁路遗址公园二期等项目正在推进。通过建立以政府主导推动、沿线主体主动参与、共建共享的实施运营协调平台,统筹全线功能业态、补充短板设施、焕新城市风貌;通过城市空间反哺绿色空间,与公园融合一体,促进沿线地区城市更新发展,实现共赢。

三、城市会客厅类项目

在具有一定规模的开放性街头公园、广场、运动场地等块状公共空间,主要针对周边街区居民、职工的日常使用需求,补充休憩座椅等城市家具,增加非标球场等健身设施及场地，提供休憩、交流、健身、游戏等公共活动功能，重点考虑全龄友好、复合利用等设计理念。

城市会客厅类项目，以石景山区八角新乐园——八角街道腾退空间再利用项目为例（表5-3）。

石景山区八角新乐园——八角街道腾退空间再利用项目基本情况表　　表5-3

项目名称	石景山区八角新乐园——八角街道腾退空间再利用项目
实施主体	北京市石景山区人民政府八角街道办事处
运维主体	—
实施模式	政府主导
实施内容	绿地和公共空间建设
资金来源	政府投资
收入来源	无
典型经验/启示	①结合地块实际情况，合理规划场地功能 ②运用冬奥元素，打造冬奥冰雪新乐园 ③亲近自然、互动参与，打造寓教于乐的儿童友好空间 ④居民共建、互动共治，街区腾退空间活力新生

1）基本情况

石景山区八角新乐园位于石景山区八角街道阜石路南侧，占地2.84万平方米，是八角街道腾退空间再利用项目，被列入2019年便民设施及公共空间提升项目，建设集园林绿化景观、体育休闲设施为一体的安全、生态、开放式的高品质冬奥主题公园。公园充分考虑各个年龄阶段的活动需求和活动项目，打造"全民健身新场景，冬奥形象新地标"（图5-3）。

图5-3　八角街道腾退空间再利用项目平面图

2）实施成效

八角新乐园——八角街道腾退空间再利用项目是石景山区"冬奥景观大道"沿线的重要景观节点。面对冬奥主干道的特殊位置、高压线塔的限制和八角街道居民的需求，项目对腾退空间进行整体规划，将居民活动设施、文化景观融为一体，改善区域环境；同时重视群众参与、共建共享，配合属地政府开展多项活动，将冬奥运动与冬奥精神带进社区。自开园以来，八角新乐园吸引了大量居民来游玩，以互动共治的模式，为整个区域注入活力，受到多方认可，得到央视新闻频道、北京卫视等全国多家媒体平台的报道。

3）创新经验

基于现状中存在的高压线塔问题以及处于冬奥主干道的特殊位置，如何将冬奥精神与冬奥运动带进社区，同时优化城市空间、提升街道居民生活品质是项目要解决的问题。经过一系列的场地调研及居民问卷调查，项目最终确立了"缝合城市"的设计方案，通过景观设计将被道路、高压走廊分隔开的"城市孤岛"紧密缝合在一起，恢复这里以往的人气，为周边的居民提供一个冬奥主题"全年龄嗨场"。整个公园在功能的划分上充分考虑了儿童、少年、青年、中年和老年五个年龄阶段的活动需求和活动项目，设置了足球场、篮球场、滑板场、冰壶体验区、景观跑道等体育运动空间，将冬奥的运动精神传递到社区。

（1）结合地块实际情况，合理规划场地功能。基于场地现状和舒适感测试，将场地划分为南北两个区域，主要活动空间及主要大乔木种植均设置在高压线塔15米范围线以外，且场地内最高构筑物不超过10米。场地形态上以下沉空间为主，或者借助棚、围栏、植物来拉开和高压线的视线距离，提供更有安全感的心理保障。

（2）运用冬奥元素，打造冬奥冰雪新乐园。公园整体设计结合冬奥会的主题，从阜石路向南望，以冬奥元素为灵感的"雪山""雪花"形状构筑物跃然眼前。应用"雪山"作为冰雪主题构筑物的设计灵感，设置安全性强的攀爬、滑梯、风动设施等游戏形式及空间。同时，加入雾喷、投影灯光等科技元素营造冰雪世界的梦幻场景，打造创意街区空间。"雪山"构筑物的内部空间被打造为"雪山小课堂"，提供了更多邻里社交的可能性。

（3）亲近自然、互动参与，打造寓教于乐的儿童友好空间。秉持"儿童优先、为儿童而设计"的理念，公园内打造了释放天性、勇于探险、趣味横生的儿童游戏空间。"雪山"构筑物的设置满足了儿童的寻知和探索需求，以锻炼孩子们的胆量；乐园内设置了"雪花种植课堂"，在这里孩子们可以通过亲身参与植物种植体验，学习植物培育的小知识。

（4）居民共建、互动共治，街区腾退空间活力新生。打破传统腾退空间的改造模式，设计师与使用者共同创造，设计者赋予了空间一定的功能形态，使用者则呈现出完整全新的生活景象，以互动共治的模式，为这个地块乃至整个城市注入活力。

小　结

　　公共空间是推动城市从增量发展向存量更新治理转型的核心资源，也是优化首都城市建设、建设世界一流的和谐宜居之都的重要抓手。北京作为伟大祖国的首都和超大城市，广泛开展了形式多样的公共空间提质增效的实践探索，成绩斐然。通过精细化的设计和施工，特点纷呈的公共空间试点项目陆续建成开放，成为居民休闲、娱乐、交流的好去处，百姓的幸福感、获得感不断提升。在公共空间政策环境渐趋理性的同时，尚需进一步加强体制机制的创新、规范标准的引导和规划管理的落实。

区域综合性城市更新

区域综合性城市更新是从区域层面出发进行的片区化、整体性、综合性城市更新，旨在通过整合区域内存量资源配置、优化功能布局、提升整体风貌，实现片区的可持续发展。实践中，区域综合性城市更新通常以"街区、片区"为更新单元，通过统筹规划、整体推进、分步实施，解决当前城市更新领域面临的缺乏整体统筹、协同机制不完善等症结难题。区域综合性城市更新是解决当前城市更新领域面临众多难题的重要理念，已成为落实城市功能完善、提升片区整体品质和效益的有力抓手，也是未来我国城市更新的重要发展趋势之一。

第一节 区域综合性城市更新探索

区域综合性城市更新，在实践中又被称为街区更新、城市片区更新、片区统筹更新或片区综合性更新等。在当前法规政策体系中，尚未有明确定义。与点状、单个城市更新项目相比，区域综合性城市更新能够在较大的空间范围内，通过城市风貌的传承、多业态、多功能混合的空间更新和改造，全方位提升片区的品质、活力及效益。

一、实施区域综合性城市更新的重要意义

区域综合性城市更新以街区、片区为更新单元，通过综合性的规划、设计、实施和运营管理，对城市空间、功能、环境、文化、社会等多个方面进行整体性的更新与改造，具有全局性、系统性和长期性的特点。区域综合性城市更新能够从区域整体的角度出发，统筹考虑各类资源、环境和人文因素，并根据区域整体发展的实际情况和需要，持续不断地实施和调整，实现区域整体效益的最大化。在"做优增

量、盘活存量、提升质量"的城市发展转型阶段，区域综合性城市更新是化解当前城市更新面临诸多困难的一种理念和方式。

1. 通过"连点成线、连线成面"，解决"碎片化"的问题

当前，北京市的城市更新仍以点状更新项目为主。2023年，北京市首都功能核心区平房院落申请式退租完成2009户、修缮完成1287户；市属老旧小区改造完成新开工355个、完工183个；老楼加装电梯新开工1099部、完工822部；危旧楼房改建完成20.4万平方米；完成15个传统商圈更新改造、老旧低效楼宇改造累计完成130万平方米、1570公里水电气热等老旧管线改造；完成小微绿地50处，全龄友好型公园共建设20处，建设绿道50公里等。

点状城市更新项目较为分散，容易产生城市更新"碎片化"的问题。区域综合性城市更新能够在更大的范围内，以点带线、由线及面，提升区域整体风貌、功能和品质，提高城市更新成效。近几年皇城景山片区、隆福寺文化街区、朝外大街沿线、方庄街道等重点片区，进行了区域综合性城市更新的实践和探索，取得的积极成效也备受各界关注。

2. 通过"主体统筹"，实现一体化更新

区域综合性城市更新面临需求多样、现状复杂等现实挑战。当前主要矛盾汇聚于产权情况复杂、相邻更新主体间更新利益难以达成共识、多家市场主体介入更新单元导致开发时序难以协调、多方权责部门的上位统筹力量薄弱等方面。统筹主体以推动达成区域更新意愿、整合市场资源、推动项目统筹组合、推进更新项目实施为核心职能。通过对统筹主体赋能，可以为统筹主体解决问题、协调利益、推动实施提供重要支撑。

区域综合性城市更新实施内容涵盖居住类、产业类、设施类和公共空间类等多种类型，既包括经营性空间，也包括公益性空间资源。统筹主体承担的工作涉及政策统筹、规划统筹、利益统筹等方面。通过"主体统筹"，可以突破"就项目论项目"的传统局限，整合多个更新项目、协调多个实施主体，进而实现片区统筹下的城市更新。政府和企业形成合力，共同推动一体化更新目标的实现。

3. 通过"肥瘦搭配"，实现统筹平衡

城市更新不仅是存量建筑的修缮、改造和升级，还包括生态环境的治理、产业的"破旧立新"、经济的增长和提升、文化的传承、民生的改善等多个方面。微利可持续是城市更新项目的典型特质，也是参与主体的价值共识。目前，北京市居住类、设施类和公共空间改造提升等公益性较强的民生项目，大部分以政府财政投资

为主，社会资本主动参与的积极性低；产业类更新主要以社会投资为主。区域综合性城市更新以片区统筹的思路实施城市更新，综合考虑城市规划设计、文化街区保护、历史文物修缮、产业资源导入、社区新型治理等多个维度，打通多元主体共同参与模式，在减量发展的背景下精准匹配建筑规模增量指标，实现资源的统筹、产权和经营权的归集，通过"肥瘦搭配"、跨项目平衡、捆绑实施，平衡投入与产出，综合解决城市更新过程中所遇到的政策层面和实践层面的问题，实现区域的一体化和高质量发展。

二、各地城市更新政策探索

从全国各地的实践来看，北京、上海、广州、深圳、武汉等城市以街区、片区、区域等为更新单元，开展了内容丰富、成效显著的区域综合性城市更新项目，包括北京市石景山区的模式口历史文化街区保护更新项目、上海"大新天地"综合更新项目、深圳沙井大街片区更新项目、广州万科黄埔新城更新项目等。区域综合性城市更新政策创新主要集中在城市更新单元的确定、更新单元规划的编制、统筹主体的确定、实施方案的编制、投融资机制创新等方面。

1. 北京：政策体系完善，聚焦统筹实施与创新机制

《北京市城市更新条例》将区域综合性城市更新列为城市更新的五大类型之一。在落实过程中，北京市围绕项目主体确定、项目审批流程、资金支持及公众参与等方面推出了多项政策创新任务，并陆续出台了相关配套政策，如《北京市城市更新实施方案编制工作指南（试行）》和《北京市城市更新实施单元统筹主体确定管理办法（试行）》等。北京的政策特点是通过"统筹主体"的确定，推动社会资本参与，并通过创新投融资机制，确保项目的可持续实施。

2. 上海：分类实施，强化跨区协调与市场主体参与

上海将城市更新分为零星更新和区域更新两大类。对于区域更新，市、区政府根据城市体检评估结果编制更新行动计划，优先关注基础设施薄弱、居住环境差的区域。上海的特点在于通过公开、公正的市场主体遴选机制，推动更新统筹主体的统筹实施，保障了规划实施的系统性和市场资源的有效整合。

3. 广州：全面改造与微改造并重，注重片区策划

广州的城市更新包括全面改造和微改造两种方式。全面改造主要针对城市重点功能区，旨在提升产业结构和城市面貌；微改造则聚焦于人居环境改善和功能优

化。广州的突出特点是通过片区策划方案明确更新目标和实施路径，注重历史文化保护与经济效益的平衡。

4.深圳：注重更新单元划定，强调统筹规划与实施细则

深圳的城市更新分为综合整治、拆除重建和功能改变三类，以城市更新单元为基本单位，确保更新项目成片连片实施。深圳的政策特色在于通过城市更新专项规划明确更新目标和策略，并通过实施细则保障更新项目的落地执行，其关键在于强化技术规范与市场机制的结合，推动区域协调发展。

三、实施内容

根据《北京市城市更新条例》，城市更新包括5大类、12项实施内容。区域综合性城市更新涉及的实施内容和类型较多，具体来看，包括老旧平房院落、危旧楼房、老旧小区综合整治等居住类城市更新；老旧厂房、低效产业园区、老旧低效楼宇、传统商业设施等产业类城市更新；老旧市政基础设施、公共服务设施、公共安全设施等设施类城市更新；绿色空间、滨水空间、慢行系统等公共空间类城市更新。

项目实践中，区域综合性城市更新往往是居住类、产业类、公共空间类、设施类几种更新内容的组合。如东城区皇城景山片区综合性城市更新项目实施内容包括平房直管公房申请式退租及修缮、简易楼腾退改造、老旧小区改造、老旧厂房改造、存量商业空间改造、公共服务设施、基础设施、公共空间改造提升等各个类型的更新内容，涵盖四大类更新内容；隆福寺有机更新项目实施内容以存量楼宇、存量商业设施等产业类更新内容为主，涵盖少量的设施类、公共空间类更新内容。

《北京市实施城市更新行动三年工作方案（2023—2025年）》提出，北京市区域综合性项目要聚焦重点领域、重点地区，加强规划引领和资源统筹，围绕创建完整社区、打造精品街区、建设活力片区，实现高质量社区服务供给、高水平商业产业培育，推动街区功能融合和提升。

第二节　项目实施流程

区域综合性城市更新项目的实施是一个系统且复杂的过程，主要包括以下五个步骤。

一、合理划定实施单元

实施单元的划定是一个复杂且细致的过程，需要综合考虑城市规划、发展需求、土地利用、历史文化保护、经济可行性以及环境影响等多方面因素，既能够有效整合市场资源，又能够吸引社会资本，提高其参与城市更新的积极性，确保更新单元划定的科学性、合理性和可行性。与单个城市更新项目相比，区域综合性城市更新以街区、片区为更新单元，整合各类资源，实现资金的统筹平衡，提升区域整体风貌、功能和品质。

实践中，首先选取重点片区。片区可以街区为基础研究范围，必要时可跨街区、跨街道研究。对片区内居住类、产业类、设施类、公共空间类城市更新内容进行全面梳理，分类整理存量资源的分布、用途、规模等信息，提出更新利用的引导方向和实施要求。其次，以落实区域功能定位、解决人民群众急难愁盼为导向，同时考虑"肥瘦搭配"，统筹实施区域内申请式退租、简易楼腾退、老旧小区改造、公共服务设施补缺、基础设施提升，同时将老旧厂房改造、存量商业设施利用、停车设施等经营性空间纳入实施单元。

二、确定统筹主体

单个城市更新项目可以由物业权利人自行进行更新，也可以委托他人进行更新。与单个城市更新项目不同，区域综合性城市更新主要通过统筹主体推动达成区域更新意愿、整合市场资源、推动项目统筹组合和推进更新项目实施等。统筹主体的确定是区域综合性城市更新项目实施的重要环节。

在区域综合性城市更新项目的实施过程中，统筹主体具有关键作用，需要具有强大的组织管理、决策协调和统筹能力，能够平衡政府、市场、居民等各方利益，为各方搭建沟通平台，推动各项工作有序展开，促进利益共享和共赢，确保城市更新项目符合城市规划和发展需求，提升城市的整体品质和功能。在确定统筹主体时，应综合考虑实施单元范围内的物业权利人、相关权益主体的需要，以及统筹主体应具备的基本条件。鼓励引入规划设计和策划运营能力强、公共关系处置经验丰富、商业信誉突出的专业企业作为统筹主体。

三、前期工作

主要包含项目申报入库和列入计划、实施方案编制、实施方案联审及审批三项内容。

1. 项目申报入库和列入计划

城市更新项目库承担城市更新项目的申报确认、谋划储备、协调推动、动态调整、信息查询等功能。北京市城市更新项目库由各区项目库共同组成,包括储备项目库和实施项目库。项目库实行动态管理,储备项目具备实施条件后应调整为实施项目,并按规定纳入城市更新计划管理。根据《北京市城市更新项目库管理办法》符合以下条件的区域综合性城市更新项目,可以申请纳入储备项目库管理:(一)属于《北京市城市更新条例》第二条明确的项目类型,符合相关国土空间规划,符合国家及本市城市更新法律法规和政策要求,符合区域发展定位;(二)项目统筹主体明确;(三)有明确的更新目标,完成资金匡算。

项目纳入城市更新储备项目库的具体程序包括网上申报、联合审查和入库确认三个步骤。首先,统筹主体通过城市更新信息系统向项目所在区城市更新主管部门提出申请,并填报项目信息;然后,由各区政府组织区发展改革、规划自然资源、财政、住房城乡建设等部门共同研究确定是否纳入项目库管理;最后,经审查符合入库条件的项目,由区城市更新主管部门在收到入库申请之日起30个工作日内制发《北京市城市更新项目纳入储备项目库通知书》。储备项目取得统筹主体确认文件,规划、功能业态及监管要求等基本明确,经行业主管部门认定具备实施条件的,由区级行业主管部门通过城市更新信息系统将项目调整至实施项目库进行管理,具备实施条件的项目及时纳入城市更新计划。

2. 实施方案编制

区域综合性城市更新项目纳入城市更新计划后,实施(统筹)主体在市、区城市更新主管部门和行业主管部门的指导下,按相关要求开展实施方案编制工作。

实施方案是指导城市更新项目实施的重要文件,统筹主体在编制过程中应充分征询利害关系人意见,涉及多个物业权利人的,通过协商确定实施方案;涉及业主共同决定事项的,由业主依法表决确定。统筹主体在结合实际情况编制实施方案时,需明确改造范围、内容、实施主体、改造方式、改造模式、功能定位、规划方案、设计方案、土地利用方式、未登记建筑物处理、资金方案、产业业态及运营管理、建设时序等内容。物业权利人同意或者依法共同表决通过的实施方案，由统筹主体报区城市更新主管部门组织开展联合审查。

3.实施方案联审及审批

区城市更新主管部门对实施方案先行征求区有关行业主管部门意见，需修改、补充、完善方案相关内容和材料的，由区城市更新主管部门告知统筹主体。城市更新实施方案完成审查前准备工作后，由区城市更新主管部门会同相应行业主管部门对实施方案进行联合审查并出具审查意见，发展改革、规划自然资源、住房城乡建设、经济和信息化等相关部门参与。涉及国家和本市重点项目、跨行政区域项目、涉密项目等重大项目的，出具审查意见前应当报市人民政府批准。

审查通过的项目，在城市更新信息系统上对项目情况进行公示，公示时间不得少于十五个工作日。统筹主体可以依据审查通过的实施方案，按相关规定申请办理投资、土地、规划、建设等行政许可或者备案。

四、手续办理

区域综合性更新项目相关立项、规划等手续由各主管部门依法并联办理。规划手续依据项目情况分类办理。第一类是，实施方案或规划设计方案中明确不改变建筑使用功能、不增加建筑规模、不改变建筑外轮廓的更新改造项目，直接办理建筑工程施工许可证。其中，位于重要大街、历史文化街区、市政府规定的特定区域外立面装修的项目，先办理外立面装修的建设工程规划许可证，再办理建筑工程施工许可证。第二类是，除上述情况外的其他更新改造项目，包括改变建筑使用功能、或增加建筑规模、或改变建筑外轮廓、或改变建筑布局、或改变建筑主体结构引起建筑规模、层数、高度等发生变化的项目，直接纳入"多规合一"协同平台会商阶段办理规划手续，再办理建设工程规划许可证和建筑工程施工许可证。"多规合一"协同平台会商阶段不再征求前期研究阶段已参与的各部门的意见。

五、后期监管

区城市更新主管部门会同有关行业主管部门对城市更新项目进行全过程监督，可以结合项目特点，通过签订履约监管协议等方式明确监管主体、监管要求以及违约的处置方式，加强监督管理。

第三节　项目实施模式

北京市区域综合性城市更新主要包括三种实施模式：一是，推动街区更新，整合街区各类空间资源，统筹推进居住类、产业类、设施类、公共空间类更新改造，补短板、强弱项，促进生活空间改善提升、生产空间提质增效，加强街区生态修复；二是，推动轨道交通场站以及周边存量建筑一体化更新，推进场站用地综合利用，实现轨道交通与城市更新有机融合，带动周边存量资源提质增效，促进场站与周边商业、办公、居住等功能融合，补充公共服务设施；三是，推动重大项目以及周边地区更新，在重大项目建设时，应当梳理周边地区功能以及配套设施短板，提出更新改造范围和内容，推动周边地区老旧楼宇与传统商圈、老旧厂房与低效产业园区提质增效，促进公共空间与公共设施品质提升。

一、街区更新模式

街区是城市在长期发展过程中形成的城市经脉与肌理，是城市记忆的载体，也是城市更新精细化实施的基本单元和老城复兴的关键。街区更新模式以街区为更新单元，统筹实施居住、产业、设施和公共空间等多个方面的更新改造，补充短板，提升街区功能和品质。街区更新是区域综合性城市更新的主要模式之一，对城市复兴和城市发展具有重要作用。

二、轨道交通场站以及周边存量建筑一体化更新模式

轨道交通场站以及周边存量建筑一体化更新是指在城市规划和建设中，特别是在轨道交通发展过程中，对轨道交通场站及其周边区域进行全面、有机的更新和改造。该模式强调将轨道交通场站与周边存量建筑、用地整合起来，通过协同规划和设计，实现商业、居住、办公等城市功能的多元融合。其主要目的是提高城市空间效益，促进公共交通与城市发展的有机结合。这种更新模式旨在优化城市布局，提升交通场站周边区域的整体品质，创造更具宜居性和便捷性的城市环境。政府通常通过相关政策引导和规划，推动轨道交通场站及其周边区域的一体化更新，以实现

更为综合、高效、宜居的城市发展目标。随着城市的发展,"以公共交通为导向的城市发展"(TOD,Transit-Oriented Development)模式也正在向"以公共交通为导向的城市更新"(TOR,Transit-Oriented Renew)模式转变。这种模式以轨道交通附近的多元混合用地、局部建筑高密度、大容量交通与充分的步行空间相连接为特征,可以实现城市区域的功能完善、配套齐全、商业繁荣、消费提升、活力持续的效果,实现生产、生活、生态和谐统一。因此,这一类的城市更新可以被称为"TOR"更新模式。

三、重大项目带动模式

重大项目通常与国家和市级重大发展战略、规划、政策紧密衔接,具有较大的规模和影响力,不仅可以提升区域和城市的形象、知名度,还可以吸引更多的投资者和游客前来投资和旅游,为区域和城市的经济增长注入新的动力。重大项目带动模式就是在重大项目建设的同时,同步梳理周边地区居住、产业、设施、公共空间等各类城市更新资源,统筹安排实施时序,补齐区域城市功能以及配套设施短板,促进区域品质的整体提升。

第四节 典型案例实践

近年来,北京市积极推进区域综合性城市更新,创新以街区为单元、条专块统的实施模式,一批示范项目成果精彩亮相。皇城景山三期片区综合性城市更新试点项目以及方庄、长辛店等区域综合性城市更新项目相继启动,隆福寺项目累计带动客流超百万人次,朝外大街、模式口等活力片区和精品街区项目正式亮相并广受公众欢迎。本节重点选取五个典型区域综合性城市更新项目进行案例分析。

一、街区更新模式案例

1. 东城区皇城景山三期片区综合性城市更新项目（表6-1）

东城区皇城景山三期片区综合性城市更新项目简介　　　　表6-1

项目名称	东城区皇城景山三期片区综合性城市更新项目
统筹主体	北京首开东成城市更新建设运营有限公司
实施主体	北京首开东成城市更新建设运营有限公司
相关单位	东城区政府
运营单位	北京首开东成城市更新建设运营有限公司
实施模式	片区更新模区
实施内容	平房直管公房申请式退租及修缮、简易楼腾退改造、老旧小区改造、老旧厂房改造、存量商业空间改造、公共服务设施、基础设施、公共空间改造提升等
资金来源	企业自有资金、市政府固定资产投资补助、市级财政补助和银行贷款
收入来源	申请式退租后房屋经营收入、简易楼出租收入、老旧厂房改造利用经营收入、其他存量产业空间经营收入、停车设施经营收入
典型经验/启示	①注重产权和经营权归集，实现存量空间资源的统筹利用 ②注重建筑规模指标的统筹使用 ③注重各类空间更新协同 ④策划和运营先行，明确定位，提升腾退空间经营效益

1) 项目基本情况

项目位于景山街道，用地面积约45.57公顷，四至范围为东至北河沿大街，南至三眼井胡同、嵩祝院胡同北巷、嵩祝院胡同西巷，西至景山东街、景山后街、地安门内大街、北至地安门东大街（图6-1）。项目建设内容包括平房直管公房申请式退租及修缮、简易楼腾退改造、老旧小区改造、老旧厂房改造、存量商业空间改造、公共服务设施、基础设施、公共空间改造提升等，地上总建筑规模约5.7万平方米（不含公共服务设施和通过布局调整优化出来的空间），并结合腾退统筹利用地下空间。

2) 项目规划情况

皇城景山片区的整体规划为"一园、四街、五组团"产业格局（图6-2），其中，皇城景山三期为组团四和组团五，将打造成数字文化组团和投资基金组团。①数字文化组团依托临近南锣鼓巷的地理优势，导入智能、科技、艺术融合发展的高成长型新兴文化科技公司，是以高品质文化餐饮、智慧型生活配套、高品质休闲消费为核心功能的活力社区组团。其主要业态有国际喜马拉雅有声书体验

图 6-1　项目位置示意图

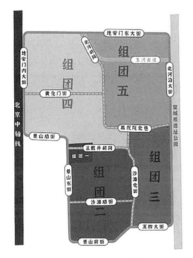

图 6-2　功能规划布局示意图

馆、经典动漫沉浸式体验馆、剧本杀体验馆、国际电竞体验馆、国际潮玩集合店、直播体验中心、钟书阁旗舰店、新华书店全国旗舰店、时尚杂志茶空间、出版人沙龙书院等。②投资基金组团旨在承接西城区金融产业的外溢需求，基于东城区"十四五"金融产业规划部署，依托东城区打造"银巷"产业聚集区的契机，重点吸纳TOP100国内头部财富管理机构，尤其是TOP30基金公司，形成特色金融产业集群。其主要业态包括国内头部基金公司、金融产业服务中心、基金协会基地、基金行业会议中心、国际商务型联合办公中心、国际数字艺术中心、国际型酒店式公寓、小众特色烘焙工坊、主题轻食餐厅、智能健身馆、户外运动休闲集合店、国际沙龙戏剧酒吧等。

3）项目实施经验

皇城景山片区作为区域综合性城市更新试点，能够切实有效地实施推进，主要经验包括以下几个方面：①注重产权和经营权归集，实现存量空间资源的统筹利用。产权归集方面：腾退后直管公房由政府与统筹实施主体共有；对于部分厂房、闲置商业用房等物业，由统筹主体与物业权利人平等协商，灵活运用收购、资产转让等多元化方式进行产权的归集。经营权归集方面：通过区政府授权由统筹实施主体在腾退改造阶段工作完成后，利用项目腾退房屋开展经营，实现腾退后直管公房的经营权归集。通过原物业权利人将物业趸租给统筹实施主体，实现老旧厂房、商业设施等存量资源经营权的归集。②注重建筑规模指标的统筹使用。对更新片区内，不符合风貌和规划要求的合法建筑拆除后调整布局，建筑规模指标可以转移。以本项目为例，通过布局调整优化出来的空间，20%重点用于营造优良的中央政务环境、补齐民生短板，剩余指标用于增补配套设施，兼顾街区更新的微利可持续。③注重各类空间更新协同：统筹整合区域内申请式退租、简易楼腾退、老旧小区改造、公共服务设施补缺和基础设施提升等不同类型的城市更新项目，合理安排更新改造建设时序。④策划和运营先行，明确定位，提升腾退空间经营效益：在明确街区产业总体定位，运营思路和平房院落腾退空间经营利用思路的基础上，发展符合核心区功能定位的高附加值、低密度的文化、科技、金融等商务办公，提高平房院落腾退空间经营效益。

2. 长辛店老镇城市更新项目（表6-2）

长辛店老镇城市更新项目基本情况表　　　　表6-2

项目名称	长辛店老镇城市更新项目
统筹主体	北京丰台文化旅游集团有限公司
实施主体	北京丰台文化旅游集团有限公司、其他原物业权利人
运营单位	北京丰台文化旅游集团有限公司
实施模式	片区更新模式
实施内容	腾退后房屋更新改造、市政基础设施建设、公共空间提升改造
资金来源	企业自有资金、金融机构贷款、政府专项资金补助、社会资本等
收入来源	经营性物业运营收入
典型经验/启示	①归集产权，统一规划，统一改造实施 ②传承文脉基因，保护街区肌理与特色风貌，传承好百年历史文化，利用好空间资源，深入挖掘老镇文化资源 ③发挥老镇作为地区历史文化活力消费圈的优势，坚持文商旅融合，构建"旅游消费+文化创意+公共艺术+智能科技"四位一体的产业结构，形成以文化为引领的产业生态系统 ④策划先行，一院一策，聘请知名商业策划团队，为未来招商和运营提供保障

1)项目基本情况

长辛店老镇地处北京西南永定河畔,东、南至现状周口店路,西至京广铁路,总面积约87.11公顷,是明清"九省御路"进出京要道上的重镇,是首都红色文化和近现代工业文明的重要策源地,是北京中心城区南部地区和西山永定河文化带上的重要文化节点,有近千年的历史和多元文化积淀(图6-3)。现如今的老镇依然承载着商贸基因、国际基因、产业基因、红色基因的血脉,是北京文化最多元、最鲜活、最丰富的人文市镇。

图 6-3 长辛店老镇城市更新项目区位图

2)项目规划情况

长辛店老镇的规划总体定位是以文化为核心驱动,兼具文化魅力与经济活力、融合历史与现代、传统与科技,打造留住乡愁、面向未来的文化复兴地区,真正实现"老镇常新"。基于以上历史价值使命,长辛店老镇的有机更新,将随着西山永定河文化带精华区建设顶层设计的出台,以文化自信为引领,以产业创新为目标,以老镇活化为根本,确立"十年驿站,老镇常新"的总体定位,打造民族与国际、保护与传承、活化与创新相结合的"有机更新"典范。

老镇更新的发展格局为"一条脉络,三大聚落"。遵从老镇历史风貌肌理,以长辛店大街为主线脉络,创建"一街穿千年,老镇新风尚"的多元场景空间。

①文旅消费新市镇。充分保留老镇历史记忆空间,复刻还原老字号、老味道、老店铺的业态功能,在活化老镇商业的同时,为原住民、老工人提供新就业创业机会。同时,顺应时代发展需求,植入文旅消费新业态,促进当地文化与演艺娱乐、时尚零售、休闲餐饮、健康运动等业态融合,塑造可体验、可娱乐、可消费的"文

化+"沉浸式体验片区。②大科创核心区。以数字赋能文化新经济，着力发展现代文旅和数字文化两大主导产业，积极培育落地数字健康、国际教育两大新兴产业，构建"1+1+2"的老镇产业发展体系，打造全国数字创新产业新兴集聚区。③老镇新邻里社区。以人居环境、公共服务、基础设施三大重点为核心，建设特色公共建筑，以及客制化住宅建筑。引进高质量的物业服务，塑造有细节、有服务、有态度的社区生活，帮助老镇焕发全新的生命状态，从情感维度和精神维度培育河西地区高质量新居民社群。

最终通过老镇的有机更新，吸引新的居住、就业及旅游消费人群，全面激发老镇的复兴动力，构建"文旅消费+文化创意+智能科技"三位一体的发展体系，建设文化兴盛、产业创新、商业繁荣、人文宜居的新市镇。

3）项目实施经验

长辛店老镇城市更新的实施经验主要集中在以下四个方面：①归集产权，统一规划，统一改造实施；②传承文脉基因，保护街区肌理与特色风貌、传承好百年历史文化、利用好空间资源，深入挖掘老镇；③发挥老镇作为地区历史文化活力消费圈的优势，坚持文商旅融合，构建"旅游消费+文化创意+公共艺术+智能科技"四位一体的产业结构，形成以文化为引领的产业生态系统；④策划先行，一院一策，聘请知名商业策划团队，为未来招商和运营提供保障。

二、轨道交通场站以及周边存量建筑一体化更新模式案例

为推动轨道交通场站及周边存量建筑一体化的更新，北京市在2018年颁布了《关于加强轨道交通场站与周边用地一体化规划建设的意见》。该政策明确指出，应以轨道交通建设规划为基础，以轨道交通场站为核心进行城市设计，旨在打造更为综合和有机的城市微中心。下文将以北京市地铁13号线五道口轨道微中心项目（图6-4）为例，阐释"TOR"更新模式如何对以轨道交通为核心展开区域综合性城市更新（表6-3）。

北京市13号线五道口轨道微中心通过"新建+更新"，优化并提升了周边商业/商务环境，激活空间发展潜能。原有京张铁路的路基式敷设方式导致两侧区域的割裂和周边便民服务设施不足，商业地块建筑风貌陈旧。项目的改造策略采用了留白增绿、老建筑更新、立体化开发等手段，打造车站绿心舞台、十字绿色走廊和社区网络，实现了功能服务体系的提升，重新构建了城市的开放空间网络。同时通过平

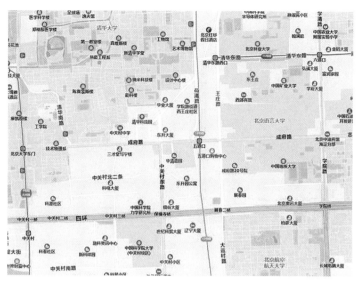

图 6-4 北京市地铁 13 号线五道口轨道微中心的区位

北京市地铁 13 号线五道口轨道微中心项目简介　　　表 6-3

项目名称	北京市地铁 13 号线五道口轨道微中心项目
统筹主体	北京市基础设施投资有限公司
实施主体	北京市基础设施投资有限公司
运营单位	北京市基础设施投资有限公司
实施模式	以公共交通为导向的城市更新（TOR）模式
实施内容	车站改造
资金来源	北京市基础设施投资有限公司
典型经验/启示	将交通等公共服务提升融入片区城市更新目标

面交通和立体交通相结合，提升了交通循环效率。全线微中心站点 6 座；具有功能一体化条件站点 10 座；所有站点均考虑交通一体化和景观一体化；重点站 11 座：5 座改造站（大钟寺、知春路、五道口、上地、西二旗）、牛公庄站、西直门站、回龙观东大街站、新龙泽站、软件园站、还建龙泽站（图 6-5）。

以五道口站（13A-06）为例，由于车站周边路网稀疏、京张铁路地面平交、人车混行等问题，导致站点周边 15 分钟生活圈的可达性和舒适性显著不足，车站周边的便民服务设施供给不足。为解决这些问题，急需对五道口车站进行全面改造。作为连接京张绿廊南北分区的景观节点，改造后的五道口车站通过一体化打造形成连贯的高线公园，同时引入丰富的城市生活功能，连接各街区空间。在改造过程中，车站东侧充分利用自然光、植被和建筑外立面，将文化、展示和休闲等服务

图 6-5　北京市地铁 13 号线五道口轨道微中心示意图

性功能从开放城市空间引入流动的室内空间内。这一设计理念旨在打造城市客厅，成为人气聚集的社交中心。通过这样的改造，五道口车站不仅提升了周边地区的可达性和舒适性，还为乘客和居民提供了更丰富的便民服务，使其成为一个宜居、宜游、宜业的综合交通枢纽。

三、重大项目带动模式案例

以隆福寺有机更新项目和张家湾设计小镇城市更新项目为例，两个项目分别在隆福大厦、北京国际设计周永久会址（光泡轻钢地块一期夹芯板车间改造）项目和北京未来设计园区（铜牛老厂区）重大项目的带动下，推动原有产业的升级和转型，分阶段实施隆福寺街区和张家湾设计小镇的整体更新，提高区域的竞争力和吸引力，实现区域功能再造、升级和发展。

下文将以上述两个项目为例，阐述重大项目带动城市更新模式的相关内容。

1. 隆福寺有机更新项目

1）项目基本情况

隆福寺有机更新项目位于北京市东城区东四地区。隆福寺街是隆福寺一条重要的街巷，东至东四北大街，西至美术馆后街，全长632米，隆福大厦位于中间（图6-6）。20世纪八九十年代，隆福寺商业街是北京著名的服装、鞋帽、小吃一条街，两侧开设了很多小店，曾是北京商业街的一面旗帜，隆福寺街区与周边的胡同、四合院居住区是古都风貌的重要组成部分，蕴含了极为深厚的传统文化，是老北京的象征之一。然而，近年来隆福寺的经营内容对广大消费者失去了吸引力，缺乏特色，亟待更新（表6-4）。

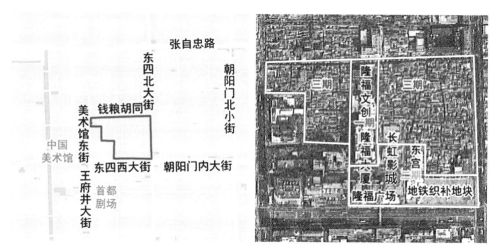

图 6-6　隆福寺更新改造项目区位图

隆福寺有机更新项目简介　　　　　　　　　　　　表6-4

项目名称	隆福寺有机更新项目
统筹主体	北京新隆福文化投资有限公司
实施主体	北京新隆福文化投资有限公司
相关单位	东城区政府
运营单位	北京新隆福文化投资有限公司
实施模式	重大项目带动模式
实施内容	隆福大厦、隆福广场、长虹影城、商业办公楼、东四地铁地块进行修缮、更新
资金来源	自筹资金、市政府固定资产投资补助资金
收入来源	租金收入、物业服务收入等
典型经验/启示	①归集产权，统一规划，统一改造实施 ②政企联合，统筹协调推动项目实施 ③规划引领，策划先行，展现区域特色文化 ④汇集名师，高标准、精细化把控 ⑤探索科技赋能，着力提升园区数字化水平

2）项目定位

项目定位为"传统文化与现代文明交相辉映、中华文化与世界文明协调共融"的首都文化新中心。项目共分为三期。一期重点实施老旧楼宇提质增效，包括隆福大厦、隆福寺北里及隆福文化中心项目，已正式开业并实现稳定运营，主要业态为办公和文化艺术消费；二期主要围绕地铁织补地块开展区域建设，包括隆福寺东院、隆福寺南坊及长虹影城项目，打造文旅商复合空间以及国际文化交流体验区。三期拟开展平房院落申请式退租及恢复性修建，保护历史文化街区胡同肌理和传统风貌，改善居民居住环境和区域整体品质，打造四合院传统风貌区，目前正在开展前期研究工作。

3）项目实施情况

隆福寺有机更新项目一期隆福大厦于2019年8月29日开业，众多文化、金融类企业、品牌入驻，形成"隆福文化中心""隆福美术馆"等多个网红打卡地。隆福寺有机更新项目二期包含隆福广场、长虹影城、地铁东四站织补地块项目，建筑面积约10万平方米。围绕国际消费中心城市建设，隆福寺二期拟引进文化演艺和在地文化业态作为核心要素，采取香氛、户外、咖啡、生活方式、品质餐饮等多组团模式构建符合隆福寺生活方式为核心的文化艺术商业氛围，并与故宫和王府井组成首都文化金三角，以"文化+商业"的模式推动区域经济发展。

同时，隆福寺将加强文化体验消费的科技化、数字化、智能化建设，打造由"飞行影院+VR互动娱乐+全息投影showroom"组成的隆福寺文化科技融合体验中心。长虹影城将由北京旖飞环游天地科技发展有限公司运营，建设飞行影院、"走入中国"、文创体验区三大功能区。东四地铁织补地块的7个院落中将有部分院落打造成以演艺为核心的业态空间，计划引入沉浸式戏剧、音乐现场演出等文化演出内容，与东四工人文化宫、首都剧场等形成剧场聚集群落。其余院落将引入博物馆、书店等业态（图6-7）。

图6-7　隆福寺街区一角

4）项目实施经验

隆福寺有机更新项目创新经验主要包括以下五个方面：①归集产权，统一规划,统一改造实施。吸取以往隆福寺地区产权分散、各自为政、无序竞争的经验教训,确定了"统一领导、统一规划、统一实施"的原则。东城区与国资公司共同成立了项目公司,并将区域内的主要资产划转至项目公司,由项目公司统一持有改造资产的产权,统一实施改造。②政企联合,统筹协调推动项目实施。东城区与国资公司于2011年共同成立了"隆福寺地区改造项目领导小组",东城区委书记担任组长、国资公司董事长担任执行组长,东城区区长任副组长、国资公司总裁任执行副组长,统一指挥、推进、协调项目工作。③规划引领,策划先行,展现区域特色文化。文化就是生产力,隆福寺地区与故宫、王府井形成文化金三角,项目依托文化与历史,通过重新规划和定位,融入现代创新元素,激活片区文化产业,为大众提供多元文化体验的平台,实现隆福寺地区老城更新和文化复兴。此外,项目启动规划设计研究的同时,聘请国内知名商业策划团队,帮助项目确定商业策划定位,同步研究未来招商和运营模式,为项目后期的成功运营打下坚实基础。④汇集名师,高标准、精细化把控。项目聘请中国建筑设计研究院、北京市建筑设计研究院股份有限公司等国内顶尖团队,统筹区域整体方案设计,通过推动城市空间形态以及隆福寺片区环境提升,营造古都风貌景观。保留隆福寺历史轴线和不同时期的建筑风貌,使消费者在享受现代消费场景的同时,体会历史痕迹。⑤探索科技赋能,着力提升园区数字化水平。项目聘请知名专家提供指导,通过搭建隆福寺数据平台,利用大数据分析实现可视化的精准管理,并以小程序、app等为载体,构建一体化线上服务,同时打造沉浸式时空盒子影院,积极助力北京全球数字经济标杆城市建设,推动数字隆福寺建设工作。

2. 张家湾设计小镇城市更新项目

1)项目基本情况

张家湾设计小镇位于北京城市副中心东南部,毗邻城市绿心和环球度假区,总面积约540公顷,拥有便利的区位条件,快捷的交通网络,深厚的文化底蕴以及优越的生态本底(图6-8)。作为通州区的首个工业园区,该基地积淀了丰富的工业遗存,承载着张家湾独具特色的工业文化记忆。然而,也存在一系列需要应对的挑战,包括产业待升级、空间提质需求、设施水平亟待改进,以及分散的产权结构等问题(表6-5)。

2018年6月,市委宣传部、市文资办和歌华集团提出计划建设北京国际设计周永久会址,打造张家湾创意设计特色小镇。2018年11月24日,市领导在城市副中心调研时提出建设"设计小镇",有序承接中心城区设计单位疏解。经过前期

图 6-8 张家湾设计小镇的区位

张家湾设计小镇城市更新项目简介　　　　　　　　　　　　表 6-5

项目名称	张家湾设计小镇城市更新项目
统筹主体	北京通州投资发展有限公司
实施主体	北京通州投资发展有限公司
运营单位	北京张家湾设计小镇有限公司、北京铜牛股份有限公司
实施模式	重大项目带动模式
实施内容	以"设计小镇、智慧小镇、活力小镇"为目标，进行空间整合、产业升级和设施打造
资金来源	企业自有资金、金融机构贷款、政府专项资金补助、社会资本等
收入来源	经营性物业运营收入
典型经验/启示	①促进产业链的发展，提升更新项目的产业活力 ②促进更新的灵活性，提升产城融合程度

选址研究综合比选，张家湾工业区作为设计小镇选址。2019年3月16日，市领导调研城市副中心产业发展时提出，"继台湖演艺小镇、宋庄艺术小镇之后，要打造设计小镇"。2019年4月3日，市领导批示"这个地块紧邻绿心，开发价值较高。由分管领导统筹谋划，应为设计小镇加城市科技，还要有商务配套"。

2）项目现状及规划方向

张家湾设计小镇的总体情况：5.4平方公里范围内共涉及产权单位116家，其中，国有土地产权单位106家，集体土地产权单位10家，平均每个单位用地面积约4.7公顷。现状总建筑规模约220万平方米，建设年代大多在20世纪90年代末至21世纪初，老旧厂房、新建厂房、民宅等无序分布，亟须进行更新改造。116家产权单位以一般性制造业为主，经济效益不高，大多不符合我市产业禁止限制目录要求。规划总建筑面积421.94万平方米。规划用途包括A2文化设施用地、A8社区综合服务设施用地、B23研发设计用地、M4工业用地、S4社会停车场用地等。

该项目一方面强调了特色小镇中的"小镇式"空间，强调打破封闭厂区围墙，整合存量厂房进行更新改造，创造开放、活跃和一体化的城市空间。这为城市提供了更大的发展空间和多元化的功能，促进了城市的经济、社会和文化发展。另一方面也强调了特色小镇中的"特色化"产业，通过引入新的高新技术产业和文化创意产业，将老旧厂房的产业进一步延伸并形成更完整的产业链。该项目先期启动的标杆项目是北京国际设计周永久会址（北泡轻钢地块一期夹芯板车间改造）项目和北京未来设计园区（铜牛老厂区）项目。

（1）北京国际设计周永久会址（北泡轻钢地块一期夹芯板车间改造）项目：

北京国际设计周永久会址改造前的产权单位为北京市北泡轻钢建材有限公司。该公司于2003年通过出让方式获得该地块国有土地使用权，用地性质为工业用地（M1），出让年限50年。建筑物主要是单层钢结构厂房，之前主要生产压型钢板、夹芯板等材料。现状为国有土地，土地面积为11000平方米。改造后的北京国际设计周永久会址主要提供会议论坛、展示交易、陈列收藏等现代服务。规划用地性质为文化设施用地（A2），地上建筑规模1.1万平方米。将打造成为集聚设计前沿信息发布、文化活动举办、功能性办公、展示交易的"世界设计中心"。涉及的建设内容主要是会展中心及配套设施，拟对北泡北侧主厂房进行改造，将原来7004平方米扩增至11000平方米（图6-9）。

（2）北京未来设计园区（铜牛老厂区）项目：

北京未来设计园区改造前的产权单位是北京铜牛股份有限公司，证载土地面积78017.26平方米，用地性质为M类工业用地，容积率0.54。用地范围内空地多，单体建筑较低矮，单层面积大，园区内含有烟囱、水管等部分工业遗存，现状基底差。改造后的北京未来设计园区规划总用地面积7公顷，规划建设用地面积51674.8平方米，规划性质为M4工业研发用地，规划容积率1.0。腾退部分面积作为绿地、规划道路。

主要涉及的建设内容有建设办公、宿舍、食堂、园区配套等，并在原厂区空间结构基础上，根据现状特点，梳理场地秩序，形成广场群（艺术展览广场，铜牛广场，中心广场，休闲广场，入口广场，礼士文化广场）。项目包括一期、二期。其中一期总建筑面积约12961.51平方米（无地下）；二期总建筑面积约58738.49平方米，其中地上建筑面积约38738.49平方米，地下建筑面积约20000平方米。

项目一期包括对原办公楼、成衣车间、食堂、景观进行的改造，改造后主要业态为"WeWork"办公场景、展示接待空间和生活服务配套空间；项目二期包括

图 6-9 北泡轻钢地块的更新前后对比

对原宿舍、锅炉房建筑群、织造车间、染印车间进行的改造，改造后主要业态为办公、宿舍、文化展览、配套服务（图6-10）。

图 6-10 北京未来设计园区入口及内部环境

3）项目实施经验

（1）促进产业链的发展，提升更新项目的产业活力。这一更新模式通过引入新的高新技术产业和文化创意产业，将老旧厂房的产业进一步延伸并形成更完整的产业链。①产业多元化：老旧厂区可以通过引入多元化的产业，例如科技、文化、创意产业等，为老旧厂房赋予新的生命。这不仅提高了老旧厂房的使用率，还促进了产业链的多样化发展。②创新合作模式：鼓励不同产业和企业之间的合作，创造更多协同机会。这有助于形成更紧密的产业链，推动区域的经济多元化。

（2）促进更新的灵活性，提升产城融合程度。"特色小镇"式的城市发展模式让城市更新获得了更大的灵活性，更好地适应市场的变化需求。①开放空间设计灵活：采用开放式的城市规划和设计，打破传统的封闭厂区围墙，为城市空间创造更多的灵活性，有助于更好地满足城市区域发展的异质性和多样化需求。②综合规划灵活：通过国土空间总体规划和各类专项规划，将不同空间的产业发展需求、具体产业项目以及地块信息整合在一起，以提高老旧厂房更新的效率和效能。③市场机制灵活：引入市场机制和企业资本，鼓励不同产业实体共同参与老旧厂房的空间和产业更新，更好地利用市场资源，推动更新对于城市空间和城市产业的融合发展。

小　结

作为城市更新的重要类型和发展趋势，以街区、片区等为单元的区域综合性城市更新项目越来越多。同时，需要注意的是，在区域综合性城市更新实践中，政府在更新单元划定、吸引社会资本等方面仍有困难；统筹主体、实施主体在产业导入、资金平衡、历史遗留问题处理等方面仍有堵点；与区域综合性城市更新相适应的成熟机制和政策工具箱仍有待完善。

下篇

展望篇

城市更新市场前景及发展趋势

当前，我国的城市发展已由大规模增量建设转向存量提质改造和增量结构调整并重发展。城市更新是解决城市中的突出问题和短板、提升人民群众获得感幸福感安全感的重大举措，是适应城市发展新阶段新形势、推动城市高质量发展的必然要求，是推动城市开发建设方式转变、促进经济发展方式转型的有效途径。城市高质量发展，后续需要通过城市更新持续赋能。

第一节 城市更新市场前景

一、城市更新市场规模庞大

城市更新是一片广阔且不断发展的市场。近年来，为加快推动城市更新，北京市发布了《北京市城市更新行动计划（2021—2025年）》《北京市实施城市更新行动三年工作方案（2023—2025年）》。计划到2025年，完成首都功能核心区平房院落6000户申请式退租和3600户修缮任务，统筹推进计划内约4000万平方米市属老旧小区改造任务，协助中央和国家机关、在京中央企业、军队力争完成约3860万平方米老旧小区改造任务，完成不少于60万平方米危旧楼房改建和简易楼腾退改造任务，推动300万平方米左右低效老旧楼宇改造升级任务，重点推进150处老旧厂房更新改造、实现10个低效产业园区更新改造重点任务，完成新一轮42个商圈改造提升工作，完成8720公里水、电、气、热老旧管线更新改造等。2024年，市、区两级城市更新项目库入库项目已超过1000个，项目谋划、储备和实施的滚动机制已初步形成。随着北京市城市更新政策体系和体制机制的进一步完善，预计"十五五"期间，城市更新项目规模将大幅度增加。

二、城市更新投资潜力巨大

当前的城市更新已展现出万亿级别的市场规模，并且在未来几年将继续迎来显著增长。截至2022年底，全国城市更新项目总投资已达5.8万亿元。据前瞻产业研究院的数据，全国城市更新市场规模预计将在未来几年内突破9万亿元。北京市2023年城市更新固定资产投资超过400亿元，预计2024年城市更新固定资产投资为500亿元，初步估算，"十四五"时期，北京市城市更新投资规模可达2000亿元以上。随着城市更新行动计划深入实施，预计"十五五"时期，北京市固定资产投资规模有望达到1万亿元左右、占规划期全市投资总规模的五分之一。政府资金支持城市更新重点项目的带动和奖励激励效应将进一步持续释放，城市更新项目吸引社会投资规模有望持续不断增加。

第二节　城市更新发展趋势

一、城市更新政策体系愈加完善

北京市构建了"市级统筹、区级主责、条专块统"的组织架构，形成了"1+N+X"的政策体系，支撑《北京市城市更新条例》落地的50个配套政策预计到2024年年底将全部出台。当前，北京市已初步建立起与城市更新特点相适应的审批机制、规范标准和政策工具箱。随着城市更新实践的推进，实施层面还会暴露出很多亟待解决的问题，需要政策层面的支持，如近两年关注度比较高的地下空间权属界定、无证房的更新改造手续办理程序等。随着指导项目实施层面的相关配套细则文件的进一步出台，北京市将形成更加完善的政策体系。

二、城市更新多元主体参与机制更加健全

城市更新是一个复杂的系统工程，涉及多方利益主体。近年来，城市更新由政府主导的更新模式逐渐转变为以政府为核心的多元主体参与机制，向相互制衡的"政府—市场主体—产权主体—公众"等多元主体协同合作方向演进。未来，随着

城市更新实施模式和路径的持续探索，城市更新多元主体的参与机制将更加健全，政府发挥引导作用，市场主体充分发挥在盘活存量资产、城市综合运营中的作用，居民和社会组织积极参与，通过共同建设和治理，实现更新成果的共享，提升居民的满意度和幸福感，激发城市更新的内生动力，促进高质量发展、高品质生活和高效能治理。

三、城市更新片区综合统筹更新探索更加深入

减量发展背景下，单点项目更新带来的公共服务设施难以落地实施、更新项目"挑肥拣瘦"等问题愈发凸显，统筹周边项目进行一体化更新，立足长远经济社会效益进行高位统筹、跨区域平衡成为关注重点。随着片区综合性更新相关统筹政策的进一步完善，未来城市更新的重心将从点状的单体项目更新进一步向片区综合统筹更新转变，通过整体规划、统筹推进，形成区域内各功能板块相互融合、共同发展的良好格局。未来将会有更多的市场主体积极探索以街区、片区为单元的综合更新，统筹各类经营性和非经营性空间内容，吸引带动各类具有能力的企业积极参与，促进实现持续性、长效性的城市更新。

四、城市更新更加关注"绿色低碳、韧性安全"

"人民城市人民建、人民城市为人民"，深刻回答了城市建设和发展依靠谁、为了谁，建设什么样的城市、怎样建设城市的命题。未来城市更新，不仅要在建设理念上及时更新，也要在城市更新的技术体系上有所突破，增强人民群众的获得感、幸福感、安全感，建设宜居、绿色、韧性、安全、智慧的新型城市。未来的城市更新中，在实现项目经济效益微利可持续的同时，更应持续关注安全，实实在在地走一条内涵集约的绿色低碳发展路径，运用系统观念、战略眼光、底线思维等推进城市安全发展，以安全发展的新范式推动城市高质量发展和高水平安全的动态平衡。

实施城市更新行动的系统思考

作为第一批城市更新试点城市,全国首个减量发展的超大城市,近年来北京市在实施城市更新行动中开展了大量的实践探索。"1+N+X"的立体化城市更新政策法规体系已初步建成,"规划加策划、策划转行动、行动推项目"的城市更新实施框架已经初步搭建。以点带面,涌现了"劲松模式""首开经验""望京小街""东城区光明楼17号简易楼改建"等一批城市更新典型实践,获得了大量宝贵的试点经验。实践的经验告诉我们,城市更新是一项宏观性、系统性极强的工作,仅注重空间盘活、短期经济利益的再分配或者仅考虑单个零散的更新项目,往往无法从本质上解决城市发展的问题。这就要求在城市更新中要有系统思维,将区域规划、投融资、建设、运营作为一个整体系统考虑,并合理配置要素资源和相关保障措施。

第一节 规划编制与实施

一、上下联动的规划统筹

城市更新作为国土空间全域范围内持续完善功能、优化布局、提升环境品质、激发经济社会活力的空间治理活动,各地在城市更新的实践中都提出要树牢规划引领理念,在"五级三类"国土空间规划体系内强化城市更新的规划统筹,促进生产、生活、生态空间布局优化,实现城市发展方式转型,增进民生福祉,提升城市竞争力,推动城市高质量发展。按照"五级三类"国土空间规划体系管控要求,北京市编制了城市总体规划、分区规划、乡镇国土空间规划(城镇开发边界外)和街区控制性详细规划(城镇开发边界内),同时也编制了城市更新专项规划。城市更新专项规划向上衔接《北京城市总体规划（2016年—2035年）》，以城市总体规划为引领，从服务四个中心建设、推动五子联动为导向的功能性更新、民生保障和环境改善为导向的社会性更新两条主线出发，提出更新目标和更新策略；向下传导城市发展战略意图，与更新单元控制性详细规划形成衔接，指导详细规划合理划定城市更新单元，统筹安排拆除与重建等活动，规范城市更新项目落地实施。

总体来讲，在国土空间规划体系下，北京市城市更新已基本建立了多层级的规划体系。但为了保障规划要素、规划指标能够分解下去，我们往往会更加关注自上而下的传导，而忽视自下而上的反馈和上下联动。城市更新规划的落地往往需要通过多方协调、多轮利益权衡，最终才能确定可操作、可落地的规划实施方案。面对存量空间复杂的权属利益关系，如何在尊重既有土地格局和权属关系、保障多元主体合法权益的基础上，编制项目层面的规划实施方案显得尤为重要。因此为了落实上位规划要求，在城市更新规划编制时，不仅要强调自上而下的规划要素传导与指标分解，更需要建立上下联动的规划统筹协调与反馈调整机制，充分吸纳属地政府和原产权单位的意见，确保规划实施的可操作性，避免因为规划难以实施而形成新的历史遗留问题。

二、规划编制的参与机制

城市更新对象是丰富多元的，涉及经济、民生、生态、文化、治理等多项内容，需要政府、市场、社会、居民等不同主体积极参与。为深入全面落实总体规划，北京市也出台了一些公众参与城市更新项目全过程的政策文件。例如危旧楼房改建项目中公众意见征询，居民同意人数达到特定比例方可推进项目进入下一环节；通过社区议事厅形式，搭建社区居民、属地单位、社会志愿者等共同参与背街小巷环境治理项目。但对于涉及产权主体多元的片区更新规划来讲，现有的模式是在规划成果编制完成后进行公示，征求群众意见，但在规划编制过程中仍然缺乏公众参与和公众表达意愿的通道，缺乏与属地政府、周边居民、企业等多元主体的沟通互动。

城市更新不同于新建，不是简单地把原有产权人"清空"，需要面对更复杂的现状条件和居民以及土地权益人的利益诉求，涉及产权的变更和功能的变化。在城市更新中，如果土地发展权的重新配置不能满足多元主体的诉求，也会直接影响各主体寻求更新的积极性以及后期规划落地的可行性。因此，需要在规划编制和实施过程中，构建多方共商共建的机制，搭建为多元主体提供信息公开和共享的渠道，从规划编制到后期实施等各个环节实现信息公开和公众参与，从而形成多元主体平等参与、开放共治的新型城市更新机制。当然，城市更新规划的共治不仅是公众的参与，更是社会多元主体协同参与的舞台，需要从跨学科、跨行业的视角，将规划、建筑、商业、服务、文化、艺术、科技、社会等多方力量系统架构并多元链接起来，寻找社会最大公约数、集结最大合力，方可推动城市更新的可持续发展。

三、刚性管控与弹性引导

城市更新是以空间资源重新配置为基础的存量规划，具有产权和利益复杂的特点。城市更新与新城建设的规划逻辑完全不同，新城规划是增量规划，是以新增建设用地为配置对象、基于空间扩张为主的规划；城市更新规划则是促进建成区功能优化调整的存量规划，涉及空间利用、产业发展、人居环境、历史文化保护、生态修复等多个方面。

北京的城市更新是落实新时代首都城市战略定位的城市更新，特别是在减量背景下的城市更新，这种减量的约束要求和存量空间涉及产权、利益复杂的特点，在规划实施中有时候就会凸显出刚性管控有余、弹性引导不足的问题。对于刚性约束指标应严格依据上位规划和规范控制要求，并向下传导至项目层级，突出用地指标刚性传导控制。同时，要结合存量空间资源的特点，对一些指标内容要进行弹性平衡，弹性平衡后规划各项指标在街区层面或者规划实施单元层面保持不变，则可不视为修改规划。

在近几年的城市更新实践中，北京市也提出了建筑用途转换、土地用途兼容、建筑规模跨区域转移、支持新产业新业态的5年过渡期等一系列政策和制度。但在操作层面有些政策细则还不够明确，缺乏相关调整规则和技术手段，导致空间资源难以得到更好的配置。城市更新是长期、持续的过程，遇到的问题也会多种多样，在刚性管控要求下，需要更加灵活的政策供给和富有弹性的技术指导，破解政策"最后一公里"难落地的问题。

第二节 城市更新实施的统筹

一、更新任务的统筹

随着我国城镇化率水平的不断提升,城市发展模式正在从增量开发转向存量更新。城市更新是城镇化率发展到一定阶段的必然选择,是对建成环境进行持续提升和改造的过程,是一个涵盖城市全生命周期的复杂过程,既是对城市中建成物理空间的更新,也是城市功能完善、产业结构升级、人居环境改善、社会治理能力提升的综合性社会行动,包含了经济发展、文化传承、社会包容和环境改善等多维度考虑。

《北京市城市更新专项规划(北京市"十四五"时期城市更新规划)》也提出"立足北京特色,统筹推进城市更新行动,进一步完善城市功能、激发城市活力、改善人居环境、推进绿色低碳、传承历史文化,促进经济社会可持续发展,努力建设国际一流的和谐宜居之都。"但从目前的实践来看,大部分既有城市更新项目多为零星"盆景",难以形成连片"风景"。因此,在实际操作中要打破层级壁垒、破除条块界限,坚持城市体检先行。一方面,从问题导向出发,结合城市体检的结果,查找群众身边的急难愁盼问题;另一方面,从目标导向出发,查找影响城市竞争力、承载力和可持续发展的短板弱项。在此基础上,围绕城市功能优化、空间重塑、公共产品提供、环境改善、城市文化复兴、生态环境修复及产业结构优化等任务,提出城市更新的问题清单、资源清单、任务清单等,按照"目标任务化、任务项目化、项目清单化"的思路,将更新任务和项目紧密结合起来,加强项目统筹谋划,将自上而下的政策传导与自下而上的需求主导有机结合,有序稳步推进城市更新行动。

二、更新区域的统筹

单项目更新的模式,如某个老旧小区、某条公共街区等点状更新,容易使城市更新碎片化。一般基础好、位置优、实施难度小的项目优先得到更新,难度大、权属复杂的项目容易被搁置,即使能够进行更新,也需要比同类型项目投入更多的人、财、物。同时,点状更新难以进行城市资源的统筹协调,各个片区开发成本、时序和建设节奏不一致，造成项目之间收益的不平衡，也难以解决城市新旧形象融合、公共服务短板缺项补充等问题。因此，需要有全局化思维，由点到面，做好"肥瘦搭配"，采用跨项目、跨区域划定实施单元的方式，统筹片区空间的资源配置问题，优化功能布局，实现片区可持续发展的区域综合性城市更新。

资金平衡是所有项目都绕不过去的核心话题，并且为确保项目的可操作性，城市更新单元的划定首先应该在保证资金平衡的前提下划定，通过高位统筹，集规划管控、利益平衡与项目谋划于一体，将多个城市更新项目，划定为一个城市更新实施单元，统一规划、统筹实施。同时，在符合城市规划的前提下，也应该允许城市更新单元内不同地块的规划指标进行统筹平衡和分类管控，力求实现项目自身盈亏平衡。

三、多元主体的统筹

城市更新是综合协调和统筹兼顾的目标和行动，涉及"政府—市场主体—权利主体—公众"多方主体的利益。随着经济发展和社会文明程度的提高，各主体的利益诉求不仅体现为经济收益，也体现了更多的包括人本、正义、治理在内的空间伦理价值。在实践中有时候由于缺乏战略设计和综合统筹，就容易产生"头痛医头、脚痛医脚""局部得益、整体失利"的局面。城市更新项目个体性、差异性比较大，需要厘清每个项目涉及的政府、投资主体、原产权主体、公众等各主体之间的权责关系和边界，创新统筹管理模式，逐步推进政府从"多头管理"走向"协同治理"，企业从"单求盈利"走向"兼顾公益"，社会公众从"表达诉求"走向"深度参与"，专业群体从"技术理性"走向"多元定位"。

在实施层面，实施主体的统筹也十分关键。很多老旧小区改造中，由于牵头单位多、资金来源渠道多元等原因，"拉链工程"的问题时有发生，反复开挖的"拉链路"既扰民又因重复投资造成浪费。因此，需要强化项目责任主体的牵头作用，通过多方协调实现老旧小区综合整治"一次到位"。片区更新同样存在类似的问题，并且往往更加复杂，涉及居住、产业、设施、公共空间等多项内容的更新。现有的产权主体、政府主责部门、投资主体和资金来源等都有可能不完全相同，有些是营利性空间、有些是非营利性空间，如何实现主体的统筹、利益的统筹成为片区更新首要解决的任务。

通过典型项目试点示范、总结经验做法，北京市也出台了片区更新统筹主体确定的相关管理办法，重点解决"谁能当主体""谁来确定主体""如何确定主体""主体能干什么""如何监督管理"5个方面的问题。但在实际操作中，由于打破了以往各条块的既有规则，对于资金的统筹使用、任务的统筹实施、"碎片化"资产的统筹利用等突出问题，仍需要通过"一事一议"的方式解决，影响项目的实施进展和效果。因此，一方面，需要政府部门加强统筹力度，协调各方资源与利益；另一方面，行业部门要打破条块壁垒，在政策供给、实施机制上积极创新，推动利益相关方"共建、共治、共享"，实现区域综合性更新的目标。

第三节　投融资渠道的拓宽

一、盈利能力的提升

当前，我国已进入城市化进程的中后期阶段，城市发展方式从大规模增量建设转为存量提质改造和增量结构调整并重，城市更新已经成为未来城市发展的新增长点。不少研究机构都预测城市更新市场规模日益扩大，可达到万亿级。城市更新行业展现出巨大的发展潜力，不少房地产企业、投资机构、金融机构、专业运营商都在尝试进入城市更新赛道。但城市更新有别于传统的房地产开发，具有资金投入大、回收周期长、盈利空间有限等特点，特别是老旧小区改造、危旧楼重建、平房院落腾退修缮等盈利性较差的项目，社会资本参与的积极性不高。

城市更新完全依靠政府投资，显然是不现实的。如何吸引社会资本参与，核心是需要项目具有自身的造血能力，从根本上解决社会资本"不愿投、不敢投、不能投"的问题。例如老旧小区改造中赋予参与的社会资本一定的经营性资源和物业管理的职能，危旧楼改建中要建立多方共担的成本分摊机制，平房院落等公房腾退后要进行功能业态的转换，通过盘活存量空间提升项目"造血"能力，老旧厂房和老旧楼宇等产业空间要改变传统"瓦片经济"的盈利模式，通过科技赋能、服务提升、内容创新等方式提升项目盈利能力。

二、投融资模式的选择

不同类型的城市更新投融资模式也不尽相同，根据政府和社会主体参与程度，一般可以分为政府主导、政府与社会资本合作、完全市场化运作等模式。一般而言，公益性较强的项目由政府主导实施，其投融资模式包括政府直接投资、通过发行地方政府专项债券投资、政府授权国有企业投资等；具有一定的经营性但保本微利或者略有亏损的项目由政府引导、市场参与的方式实施，其投融资模式可以是政府直接投资和社会资本投资相结合，即社会资本投资为主，政府给予一定的资金补助；对于经营性较强、收益回报机制清晰的项目，适宜采用完全市场化模式由社会资本主导实施。

1.政府主导

一是，政府直接投资，资金来源主要为财政资金，例如公共设施的更新、公共空间环境提升、老旧小区基础类改造，这类项目均是典型的公益性较强的民生项目。二是，地方政府专项债券投资，例如老旧工业厂房或者工业园区的改造升级项目，资金来源可以通过发行地方政府方专项债券筹集，后期通过项目的经营收入或者形成的政府性基金收入覆盖专项债本息，这类项目具有一定的盈利能力，能够实现资金自平衡。三是，政府授权国有企业投资，例如危旧楼改建项目、平房院落腾退修缮项目，这类项目具有一定经营收入，但投资回收期长，保本微利甚至略有亏损，市场化主体投资意愿较弱，一般由政府授权地方国企为实施主体，按照相关政策给予一定资金补助，其余由企业通过自有资金、金融机构融资等方式筹集，后期通过项目的经营收入、资产转让收入等实现资金平衡。

2.政府联合社会资本

一是，政府为主、市场为辅。例如老旧小区改造项目中，政府重点支持基础类改造内容，引进社会资本主要参与完善提升类改造内容，改造完成后由社会主体统一管理运营，通过物业收入、停车收入、广告收入以及可经营配套设施的收益实现社会资本的资金平衡。二是，市场为主、政府为辅。例如由企业自主实施的老旧厂房或者老旧楼宇改造升级项目，其主要资金来源为企业自筹，政府为激励企业进行盘活利用、产业升级，按照政策规定给予一定的资金补助支持。

3.市场化运作

市场化模式即由房地产开发企业、产业投资公司、基金公司等社会资本主导，政府不具体参与、只履行项目审批职责。这类项目主要适用于老旧商圈、老旧楼宇改造项目，项目的改造价值较高，收益较为稳定。可以是原产权人自主更新，也可以通过资产收购、股权收购等方式吸引其他社会资金投入进行改造。

三、政策制度的供给

北京的城市更新既要落实国家城市更新的相关要求，如严禁大拆大建等，又要落实北京城市总体规划的刚性管控措施，努力做到减量、提质、增效。这些条件决定了北京城市更新的难度远超其他城市。因此需要在政策上给予更多支持，特别是投融资方面。

1. 设立城市更新基金

城市更新项目资金投入量大，为健全城市更新多元投融资机制，不少地方纷纷出台政策，支持以设立基金的方式参与城市更新。从发起人角度来看，城市更新基金大体可以分为两种，一种是政府主导的城市更新基金，一般由地方财政部门授权城投公司作为出资人代表；另一种是市场化企业主导的城市更新基金。通过设立城市更新基金能够更好地解决城市更新项目资本金的问题，发挥资金的杠杆放大效应，以达到加快城市更新实施的目的。同时，有意愿参与城市更新的施工企业、房地产开发企业、产业投资运营的专业化公司可以通过认购城市更新基金的方式，参与到城市更新中，便于整合各方优势资源。

2. 加大城市政府更新专项债券发行

老旧小区改造、产业园区基础设施更新改造等城市更新项目也是目前地方政府专项债券支持的重要领域之一。相对于其他投融资方式来讲，专项债券具有发行利率较低、发行周期较长、偿债压力较小等特点，能够与城市更新项目特征较好契合。同时，由于地方政府专项债券资金一直以来都处于"僧多粥少"的局面，为了能够让有限的专项债券资金用于更多的项目，真正发挥增加有效投资、优化经济结构、保持经济持续健康发展的作用，政府也鼓励和引导银行机构以项目贷款等方式支持符合标准的专项债券项目，实现"组合融资"。但在实践中，组合融资的案例还比较少，因此建议在风险可控的情况下，对于收入来源广、收益有保障、本息覆盖倍数高的项目可酌情考虑进行"组合融资"，以满足项目实施的需要且能够更好地发挥专项债券资金的引导作用。

3. 税收优惠

城市更新项目虽有别于传统的房地产项目，但在税收缴纳方面，涉及的税种大体都相同，包括增值税及附加、土地增值税、企业所得税、房产税、城镇土地使用税等。无论是涉及房屋销售的项目还是自持经营的项目，综合税率大多在20%以上，企业负担较大。建议结合城市更新项目特点，可参照公租房、保障性租赁住房等项目税收优惠政策，在增值税、房产税以及其他行政事业收费上给予一定的资金支持。当然，很多税率的调整权限往往不在地方政府，还需要中央结合地方实际情况出台有效、可行的财税优惠政策，或者国家层面给予地方政府一些放权或许可。

第四节　项目策划与运营

一、经营意识的转变

城市更新，让城市"更"新，不是一蹴而就的过程，也无法一劳永逸，是一个不断迭代升级、持续性的过程。这个持续性的过程不仅是对城市空间的改造、修补和重塑，更重要的是需要从城市运营的角度去思考，激活与重构老旧片区价值，提振城市产业、激发城市活力，为居民幸福生活不断"加码"。在快速城镇化时期，城市建设更多是依靠增量，无论是地方政府、还是开发商，大多是"以地生财"的思路，通过土地整理、项目开发、物业销售等方式快速实现资金回笼，对城市发展的认识更多聚焦在空间和土地上。但存量时代的城市更新则需要开发建设和运营主体通过参与项目改造建设、投融资、物业管理、业态更新和产品迭代，以适应5～10年甚至20年期间不断变化的外部市场环境，从而确保持有资产不断增值，城市片区的产业迭代升级，城市功能提升完善。

城市更新需要从"开发模式"向"运营模式"转变，这对实施主体的能力提出了更高要求。但从目前的实践来看，不少开发企业习惯了赚快钱，对城市更新发展趋势的前瞻性考虑不足，有些企业转型的意愿也不强。特别是在城市更新项目策划运营等专业能力上仍有一定差距，需要进一步积累策划先行、运营前置等方面的有效经验，同时也需要将项目前期策划和后期运营管理更好地做好衔接，整合好各类专业化团队资源，确保项目能够顺利推进和持续运营。

城市更新项目的运营不仅需要激活原本低效的瓦片经济，而且需要依赖内容和服务的增值来创造运营现金流，实现可持续运营。当然，从传统的"地产开发商"向"城市运营商"转变的过程中，企业的转型也并非易事。企业需要重新审视自身的资源和能力，对市场趋势、用户需求要有深入的理解和判断，要加强与各种外部专业化运营资源的合作，提供多样化、高质量、持续性的内容服务和产品，以提升自身的竞争力。在项目的策划、设计阶段要充分考虑到未来的业态布局、人流导向以及建筑的使用功能、空间的舒适度和可塑性等，项目运营团队也需要提前介入前期的谋划策划，对后期运营进行有效地规划和指导。

二、运营能力的提升

城市更新，更新是手段，运营是目的。目前，城市更新的实践中不少项目都面临着"重建设轻运营""更而不新"的问题，核心就是没有解决好城市更新项目运营的问题。城市更新项目面对的客户群体、项目自身的本底资源、运营需求等均有所差异，为助力城市更新项目实现长效运营，需结合项目特点因地制宜选择适配的运营模式。城市更新的运营不是独立的，"投、建、管、运、退"各环节紧密相连、环环相扣，"投建管运一体化"的模式也得到了政府、企业、居民及其他利益相关方越来越多的认可，但在实践中仍有一些难题需要破解。

城市更新是长线投资，需要"长期资本、耐心资本"，一是，需要政府加强引导，为参与城市更新的企业"松绑、减负、赋能"，加快配套政策的出台，提高政策的可达性和透明度，助推打造微利可持续的盈利模式，让市场主体敢于、更愿意投入城市更新的"新蓝海"；二是，需要参与企业从运营服务逻辑代替开发思维出发，重构商业模式，在注重项目硬件能力提升的同时，也要加大物业管理、不动产资产运营等软服务供给能力的提升，提高资产运营效率和效益；三是，需要多方共建、共治、共享，例如在一些老旧小区更新改造中，需要通过街道和社区加强组织协调、物业服务单位主动作为争取信任、居民提高缴费意识等措施实现老旧小区改造质的提升。

运营策划以及运营单位前期介入引导也十分关键，在项目策划初期阶段就需要引入运营思维，从用户需求和市场角度出发，对项目的定位、功能、规模等进行深入分析，将运营与设计、建设等环节紧密结合，确保项目从一开始就具备市场竞争力，从而实现资产价值的最大化。同时，实施主体需要自行或者委托运营主体制定合理的商业模型和运营策略，并根据市场情况持续优化，确保项目能够在市场竞争中获得长期稳定的发展。

参考文献

[1] 白思俊.现代项目管理（第二版）[M].北京：机械工业出版社，2019.

[2] 陈向玲，胡翼琼，郝晓明，等.北京市老旧厂房改造升级类城市更新项目推进存在问题及对策建议[J].中国工程咨询，2022（10）：94-97.

[3] 高雅，杨兵.规划赋能下伦敦东区科创驱动式城市更新实践[J].国际城市规划，2020，35（6）：135-143.

[4] 李冰，李迅，杜海龙.既有建筑绿色低碳化改造调查研究：以北京市为例[J].城市发展研究，2022，29（12）：25-29+35.

[5] 李康化.文化产业与城市再造：基于产业创新与城市更新的考量[J].江西社会科学，2007（11）：240-246.

[6] 李晓鹏，张国彪，李伟溪，等.产业发展视角下的城市更新相关问题探讨[J].规划师，2021，37（14）：34-40.

[7] 刘抚英，栗德祥.工业废弃地土地更新利用的框架、模式与程序[J].城市规划学刊，2009（3）：69-74.

[8] 刘贵文，崇淙，洪竞科，等.我国城市更新产业的经济效应分析[J].建筑经济，2019，40（6）：5-12.

[9] 刘士林.文化产业园如何摆脱"商业化魔咒"：促进文化产业园区治理与城市更新融合发展[J].人民论坛，2018（11）：122-124.

[10] 罗鹏.广东省"三旧"改造中旧厂房更新改造研究[D].广州：华南理工大学，2012.

[11] 马骏，沈坤荣."十四五"时期我国城市更新研究：基于产业升级与城市可持续发展的视角[J].学习与探索，2021（7）：126-132.

[12] 毛小岗，宋金平，丁悦.IST模式：一种城市更新的整体解决方略[J].规

划师，2012，28（2）：105-108.

[13] 丘穗敏.越秀区老旧商务楼宇适应产业置换的空间策略研究[D].广州：广东工业大学，2020.

[14] 盛强，方可.基于多源数据空间句法分析的数字化城市设计：以武汉三阳路城市更新项目为例[J].国际城市规划，2018，33（1）：52-59.

[15] 施益军，翟国方，陈伟，等.功能重构视角下的城市地块更新研究：以南京龙潭保税物流中心为例[J].规划师，2018，34（4）：57-62.

[16] 唐婧娴.城市更新治理模式政策利弊及原因分析：基于广州、深圳、佛山三地城市更新制度的比较[J].规划师，2016，32（5）：47-53.

[17] 汪霏霏.城市更新背景下的文化创意产业集聚区发展研究：以济南文化创意产业集聚区为例[J].东岳论丛，2014，35（10）：121-126.

[18] 王韬，朱一中，张倩茹.场景理论视角下的广州市工业用地更新研究：以文化创意产业园为例[J].现代城市研究，2021（8）：66-72+82.

[19] 王重远.城市更新背景下都市创意产业发展研究：以上海为例[J].特区经济，2009（4）：54-55.

[20] 魏立华，孟谦，邓海萍.基于农村土地股份合作制的半城镇化地区城市更新模式研究：以佛山市南海区瀚天科技城为例[J].规划师，2017，33（4）：46-53.

[21] 吴立，顾伟达，贠天祥.首都时尚产业赋能城市更新发展[J].人民论坛，2021（30）：86-89.

[22] 秦虹.城市更新行业趋势判断与片区更新[J].中国勘察设计，2022（4）：28-31.

[23] 唐申，丁锐，周佳乐，等.社会资本方视角下老旧小区片区更新模式研究[J].城市建筑，2022，19（14）：25-31.

[24] 徐梦洁.城市片区更新中的减碳路径与实践研究：以上海浦东新区张江西北片区为例[J].住宅产业，2023（4）：23-26.

[25] 周瀚，赵丹羽.区域综合性城市更新中责任规划师的角色思考：以北京市西城区牛街街道为例[J].城市建筑空间，2023，30（5）：32-33+49.

[26] 齐亮，李鹏.北京轨道交通13号线扩能提升改造带动沿线城市更新TOD一体化设计实践[J].中国房地产业，2022（14）：119-123.